湛庐CHEERS

与最聪明的人共同进化

HERE COMES EVERYBODY

Albert - László Barabási

[匈牙利] 艾伯特 - 拉斯洛 · 巴拉巴西 著　　贾韬 周涛 陈思雨 译

+

THE Formula

巴拉巴西成功定律

=

The Universal Laws of Success

天津出版传媒集团

天津科学技术出版社

上架指导：前沿趋势 / 畅销书

图书在版编目(CIP)数据

巴拉巴西成功定律 / (匈) 艾伯特 - 拉斯洛 · 巴拉巴西著；贾韬，周涛，陈思雨译. -- 天津：天津科学技术出版社，2019.12

ISBN 978-7-5576-7280-5

Ⅰ. ①巴… Ⅱ. ①艾… ②贾… ③周… ④陈… Ⅲ. ①成功心理—通俗读物 Ⅳ. ① B848.4-49

中国版本图书馆 CIP 数据核字 (2019) 第 261741 号

巴拉巴西成功定律
BALABAXI CHENGGONG DINGLÜ
责任编辑：吴 頔
责任印制：兰 毅

出 版：天津出版传媒集团 / 天津科学技术出版社

地 址：天津市西康路 35 号
邮 编：300051
电 话：(022) 23332369（编辑部）
网 址：www.tjkjcbs.com.cn
发 行：新华书店经销
印 刷：天津中印联印务有限公司

开本 710 × 965 1/16 印张 18 字数 267 000
2019年12月第1版第1次印刷
定价：89.90元

ALBERT-LÁSZLÓ BARABÁSI

艾伯特－拉斯洛·巴拉巴西

全球复杂网络研究权威
“无标度网络”创立者

从被拒稿的天才物理学家到诺贝尔奖热门人选

1967 年 3 月 30 日，艾伯特 - 拉斯洛 · 巴拉巴西出生于罗马尼亚哈尔吉塔县（Harghita）的一个匈牙利族家庭。他的父亲拉斯洛 · 巴拉巴西（László Barabási）是历史学家、作家，也是塞克勒博物馆的馆长。因为这一得天独厚的便利，童年时代的巴拉巴西得以自由徜徉在博物馆的图书室和各类收藏品中，甚至能够查阅只有极少数历史学家才能够查阅的文件。

年少时，巴拉巴西一度梦想成为雕刻家，但在高一时，因为在当地物理奥林匹克竞赛中获胜，所以整个高中阶段他都将兴致转向了科学与数学领域。自然而然地，当 1986 年考大学时，他进入位于罗马尼亚首都的布加勒斯特大学（University of Bucharest）攻读物理与工程学专业。在此期间，巴拉巴西开始进行混沌理论（chaos theory）方面的研究，并成功发表了 3 篇论文。1989 年，巴拉巴西和他父亲移民匈牙利。两年后，他开始在匈牙利首都布达佩斯的罗兰大学（Eötvös Loránd University）攻读硕士学位，而且在还没毕业的时候，就被列入了美国波士顿大学的物理学博士招收计划。获得博士学位后，巴拉巴西在 IBM 托马斯 · 沃森研究中心（Thomas J. Watson Research Center）参加了为期一年的博士后研究。而这个阶段，也是巴拉巴西第一次对网络产生了巨大的研究兴趣，并将今后的研究方向确定为网络科学。

虽然在学术之路上一直顺风顺水，但是巴拉巴西在 1995 年撰写的第一篇关于网络的论文，却连连被几家核心期刊拒稿，因为对方认为："这和我们有什么关系呢？" 但是，他并没有气馁。1999 年，巴拉巴西大胆地提出了一个惊人的网络模型——无标度网络模型，该模型后来被命名为"BA 模型"（Barabási-Albert model），并一举颠覆了网络的本质，成为众多后来者研究的理论基础。

今时今日，现在的人们已经深刻地认识到，复杂网络不只和我们有关，而且关系极为密切。经过多年的研究与积累，当年的天才物理学家也已经成为全球复杂网络领域当之无愧的第一人。由于在这一领域做出了卓越的贡献，巴拉巴西更成为诺贝尔奖获奖呼声最高的候选者。

一面是全球复杂网络研究第一人，一面是钟爱湖蓝色 T 恤、只喝健怡可乐的科学狂人

在巴拉巴西提出“无标度网络”的概念之前，科学家惯于将所有复杂网络视为符合泊松分布的随机网络。但巴拉巴西在研究互联网时，却发现互联网并不是随机的。他的实验结果令人非常惊讶：基本上，互联网是由少数链接数多的页面串连起来的，80% 以上页面的链接数不到 4 个。然而只占节点总数不到万分之一的极少数节点，却有 1000 个以上的链接。这一发现，彻底推翻了“复杂网络是随机的”这一得到人们多年认可的理论，巴拉巴西为复杂网络研究谱写了一个新篇章。

巴拉巴西为复杂网络理论和研究做出了杰出贡献，且贡献涉及社会科学、物理学、数学、计算机科学等多个领域。他让人们第一次真正了解了互联网是如何从最初的一个人类发明变得越来越像一个生命体或生态系统，这背后体现了那些支配所有网络的法则是多么强大。难怪世界著名科技杂志《科技新时代》赞誉道：“他可以控制世界。”

不过，在学术领域之外的日常生活中，巴拉巴西也只是一个普通人。他喜欢过简单的生活，还有坚持自己的小执拗。例如，他唯独钟爱湖蓝色的 T 恤，所以会一打一打地购买；他喜欢喝可乐，却不接受健怡以外的其他口味；他会利用参会的空闲时间，带上可爱的儿子去丛林里寻找躲起来的老虎；去吃侍者口中“一点儿也不辣”，他们却觉得味蕾要辣到爆炸的食物。

用科学揭示成功定律，用人生诠释成功之路

年少时，物理学让巴拉巴西有机会去探索宇宙和控制人类生命的各种规律。后来，为了寻觅更多的挑战，他开始关注网络与数据中蕴含的复杂性。作为一名警惕的提问者，他接着把好奇心投入到了关于“成功”之上——那些挂在现代艺术博物馆里、看起来脏兮兮不起眼的照片，为什么会被认为是杰作？为什么音乐剧《天上人间》而非《猫》，会成为历史上最杰出的音乐剧？去那些学费昂贵的学校就读到底值不值得？为什么每个领域都只有一小撮人能够成为超级巨星？这些问题成了一切的源起。因为钟爱社会结构背后的数学，所以在拿到关于人类成功的海量数据后几年，巴拉巴西终于找到了一种办法将“成功”这个概念分解成若干成分， 从而能够像研究螺母和齿轮一样研究它。 而且，在人类历史上第一次，揭示出了成功的五大普适定律。

一直以来，巴拉巴西都堪称一位“成功”的科学家，因为他的研究成果极为丰富，而他的文章也是世界顶级科技期刊上的常客。巴拉巴西已经在《科学》和《自然》上发表学术作品 30 多篇，在《美国科学院院报》上发表作品逾百篇。他的论文被引用总次数接近 10 万次，H 指数高达 97，是复杂网络领域被引用最多的科学家。巴拉巴西的研究也获得了各界的高度认可。他现在是美国物理学会院士、匈牙利科学院院士、欧洲科学院院士。巴拉巴西还曾先后获得 2005 年欧洲生物化学学会联盟（FEBS）颁发的生物系统年度奖项；2006 年匈牙利计算机学会颁发的冯·诺依曼金质奖章；2008 年日本 C&C 基金会颁发的计算机与通信奖、美国国家科学院颁发的美国国家科学奖章；2011 年国际工业与应用数学大会颁发的拉格朗日奖。

艾伯特-拉斯洛·巴拉巴西
相关作品

译者序一

成功之后的科学真相

贾韬　西南大学教授

第五次索尔维会议留念

若提起索尔维会议，1927 年 10 月召开的第五次会议可能是这个系列会议中最著名的一次了。上面这张珍贵的合影中包含 29 位参会者，其中 17 位先后获得了诺贝尔物理学奖或诺贝尔化学奖。

因为我的博士专业是物理学，而这张星光璀璨的照片在物理圈里广为流传，所以有种天然的亲切感。但是当第一次看到这张照片时，惭愧地说，我只能认出其中的两位——一位是居里夫人，她是照片中唯一的女性；另一位，则是坐在第一排中间的阿尔伯特·爱因斯坦。而我 10 岁的儿子，在“人脸识别”上可并不比他物理学博士的老爸差多少，一眼就认出了爱因斯坦。

我相信很多人和我一样，可以从这些人中轻而易举地认出爱因斯坦。因为，他为我们所熟悉，远胜他人。相比之下，那些我们记不清长相的物理学家，同样为物理学做出了不朽的贡献。他们的名字已经成为物理常数、方程或原理的一部分，深深铭刻于物理学的“记忆”中，也让我们每个人铭记于心，他们是马克斯·普朗克（普朗克常数）、亨德里克·洛伦兹（洛伦兹力）、沃尔夫冈·泡利（泡利不相容原理）、埃尔温·薛定谔（薛定谔方程）……

为什么我们能一眼认出爱因斯坦，却对其他同样杰出的物理学家如此生疏？一个充满直觉的科学家——比如拉斯洛·巴拉巴西教授，应该不难发现其中的科学奥秘。2017 年年初，复杂网络的春季会议 NetSciX 在以色列的特拉维夫举办。巴拉巴西是大会的演讲嘉宾，也是晚宴的报告嘉宾，而他当晚的报告内容就是“成功学”。那是我第一次看到这本书的轮廓。爱因斯坦“一夜成名”的故事是他报告的开篇，以此引出了“成功的定律”。而当这本书正式出版时，爱因斯坦的成名故事则精妙地转换成了尾声——一个非常有趣的改动，就像隐藏于电影最后的彩蛋，以一段精彩绝伦的故事和一位耳熟能详的名人，将本书的所有结论出人意料地串联在了一起。

远古的人类曾认为，狂风、暴雨、闪电、惊雷都是神之杰作，但是科学最终告诉我们，它们只不过是最为普通的自然现象，由物理定律所决定的一系列微观机制而驱动。我们也曾认为，成功是上天的馈赠，我们在各种道听途说的故事中寻找着似是而非的理论，试图能窥探其中的玄妙。而《巴拉巴西成功定律》这本书的意义就在于，它揭开了成功的神秘面纱，让我们可以用科学的眼光审视成功，让我们明白成功也是存在可复制、可总结的普适定律。你可能会反问：“那又怎么样呢？”的确，我们知晓了狂风闪电形成的原理，却也很难在自然界中制造它们；那么，难道我们知晓了成功的定律，就能复制成功吗？如果只是把这本书当成一本成功的“工具书”，难免会有些狭隘。考虑到我们对成功的量化感知如此之少，这本书可能更像一本成功的“教科书”——就像我们中学的物理课本，虽然上面记载着我们生存的物质世界所遵循的定律，传授着支撑现代社会所有科技的基础知识，但我们依然很难仅仅依靠这些知识去制造生活中的任何一件科技产品。

这并不是要贬低这本书的价值。恰恰相反，成功的科学与不同的人联结，会引发不同的启示。像我这样喜欢埋头苦干的人应该会在第五定律中找到安慰，只要不断努力，成功就在眼前。第四定律可能会给团队中的成员带来一些危机感——如果不独立创新，那即便你做了最多的工作，所有的功劳荣誉也可能不会属于你。IP 打造者可能会从第三定律中获得一些警示，尽管“关系网络”会给初始的成功带来红利，但是如果没有社会适应度的支撑，也可能仅仅止步于此。而我们所有人都可能因为第二定律而更加冷静、乐观，因为你与竞争对手的差别也仅仅在毫厘之间，鹿死谁手尚未可知。

更为重要的是，《巴拉巴西成功定律》这本书传递了另一种精神，当对成功有了科学的认知以后，我们应当可以让更多的人享受成功。当知道面试排名会决定最后的结果，我们就可以去修正这个体系，从而让选手能够被公平对待；当知道了优秀与优秀之间其实难以区分时，我们就应该更广泛地资助奖励，而不是让成功仅仅聚集在少数的“可资奖励”之人上；当我们知道流行度并不代表适应度时，我们就应该去推崇适应度，让优秀的产品可以脱颖而出。无疑，这些努力会让竞争变得更加公平，让成功不再是遥不可及的梦想。

2019年的夏天，我有差不多一个月的时间都在波士顿访问巴拉巴西教授的实验室。我向他咨询了一些翻译中的问题，而他却有些不解：“你应该有更重要的事情要做，翻译这样的专业工作为什么要让科学家来做呢？找学习英语文学的人应该就可以胜任了吧。”而我的回答正如以上所写：“这是一本和科学相关的书，由科学家来做最合适。”

译者序二

恒河边上捧读的成功学

周涛 电子科技大学教授

成功是一种果。

巴拉巴西在这本书中，首先以科学家的身份明确无误地阐释了这个问题。成功不是“一个患自闭症的孩子克服内心恐惧第一次站上讲台”的心路历程，不是一种主观感受，不是某种隐而不见的过程，而是一种客观的、可被测量的结果，是外界对你的所有成果或成绩的反馈的总和，或者说你的成果对外界影响力的总和。

那些不以数字化的成功为出发点的“成功学著作”，很多时候都让我们觉得太过功利，那这本关于“可测量的成功”的论著，难道不会使人完全陷入功利主义的桎梏中去吗？

有趣的是，在林立的成功学著作中，这本书可谓别有一番清新。

首先，本书讲缘，还讲如何结缘。巴拉巴西介绍了一个经典的研究案例，其中，研究人员从大量刚开始的众筹项目中选取了 200 个还未获得任何资金投入的项目，并随机将其分成两个等规模的小组。研究人员给试验组的每个项目注入 20 多美元的第一笔支持经费，而不干预控制组的项目。就是这区区 20 多美元，却让试验组的项目成功完成众筹目标的概率比控制组高出一倍左右！同样质量的种子在同样的土地上，无非是极早期一滴雨的差异，就产生了巨大的不同——这是缘。巴拉巴西指出，在以艺术为代表的无法客观衡量能力表现的领域，成功在很大程度上并不取决于作品的质量，而取决于你的作品是否被著名人士评价，是否参加了著名展会，是否有类似《蒙娜丽莎》被盗那样神奇的经历……与一般的成功学著作不同的是,《巴拉巴西成功定律》没有回避这种缘的存在，还专门提出了一套利用社交网络广结善缘，特别是多与“贵人”互动的门道。

其次，本书以科学的态度揭示了真因。不管是巴拉巴西提出的比较具体的定义，还是我们日常生活中更广泛的成功的定义，影响成功与否的“因”太多了。本书与我们常见的成功学著作不同，巴拉巴西并不是通过一碗碗故事鸡汤向大家灌输他的主观臆断，而是用海量数据和完全可重复的分析方法展示了可信的结论。可以说以前的成功学著作都只能叫“关于成功的书”,《巴拉巴西成功定律》里面才真正有了“学”。书中很多结论让我获益匪浅。例如，鸡贼的霍奇森在葡萄酒比赛中将同一种酒多次混杂在 20 余个参赛品中让评委品评，发现评委给同一种酒打出了差异很大的分数，从而说明了从优秀中选拔杰出是一件极其困难的事情。在我求学的过程中，我曾经几次在一个集体中成绩处于极靠前但又不是第一的位置，那个时候成绩来回波动，而且即便统计上前进一两名都非常困难。幸运的是，我很快从这种消耗巨大精力而所得甚少的竞争中挣脱出来，找到了新的兴趣点。不管是可量化（考试分数）还是不可量化（酒的味道）的成绩，我们都要充分了解“从优秀到杰出”

的选拔中存在的随机性和“过度付出”的风险，以一种更好的心态面对结果，以一种更理性的方式做出选择。

最后，巴拉巴西通过大量研究发现，成功可以出现在任何年龄。这对我来说是一支强心针，因为我已经碌碌无为地过了几十年。按照爱因斯坦的说法，我已经错过了创造力的最佳时机；但按照巴拉巴西的研究，我在以后的每一项工作中获得成功的可能性和我以前的工作一样。显然，我会无条件地相信巴拉巴西！这是我第一次在读一本书时对自己的职业生涯重燃斗志。与此同时，巴拉巴西也通过数据分析和大量案例，让我看到了成功的偶然性和不确定性，这让我和大多数这辈子很可能连成功边缘都摸不到的人，可以既努力又释然。

尽因求缘，至于果是什么，能否因缘和合而生，我也就没有那么多执念了。以书中推崇的坚持不懈之心工作，把做每一项工作看成要完成一个作品而不只是一个简单的任务，我相信最终我们可以获得一种远远超出巴拉巴西所定义的成功，那就是来自内心的真正的圆满。

心如菩提，步步生莲。

以为序。

成功与“你”无关，与“我们”有关

妻子告诉我，她爱上我是因为我知道太阳的温度。我们是在一家咖啡店相遇的，那个时候，我正在为热力学的基础课程备课。“天啊，你怎么会知道这些？”在她看来，对于如此遥远、如此触不可及、如此狂暴、如此炽烈燃烧着的物体，我竟然能够给出一个精确的数字——5778开尔文[①]，这实在无异于变魔术。父母可能往往最想把这类精确的答案教授给喜欢提出诸如此类问题的孩子。但遗憾的是，绝大部分时候，面对这样的问题，父母们不得不承认“我也不知道”，或者搪塞说：“这个嘛，太阳很热，非常非常热……”不过，我们可不是在谈论什么稀奇古怪的东西，而是太阳啊，这可是一切生命的源

① 开尔文 = 273.15 + 摄氏度，开尔文 = 0 就是绝对零度，相当于 −273.15℃。太阳表面温度可以通过拟合太阳的辐射波谱和普朗克的黑体辐射定律来估计。——编者注

头，是每天照耀着我们的灼热天体！有时候我很困惑，为什么成年人和小孩子一样，对于重要且巨大的事物，往往所知甚少。

在特兰西瓦尼亚[①]的小镇，我祖父曾拥有一队货车，不过后来没落了。在我去祖父家的时候，他的生意就只剩下一家出售五金制品和零配件的商店了。商店很小，只是一个洞穴般大小的木制窝棚，但我假期里的每一天都“猫”在那里。我爱这个“洞穴”，从某种意义上来讲，这是我人生中的第一个实验室，我可以在里面安全地把各种东西拆零散，然后研究它们是如何精确地运作的。对于我来说，搞清楚是什么让一些东西运转起来，实在是一件令人迷醉的美事儿——至今仍是如此！

我家里很多人都喜欢捣鼓小东西，或搞点儿小发明。在我祖父的货车队没落之后，他开始为邻居维修器械，包括检查铁具或收音机里里外外的各种问题。我父亲早在10岁时就开始为帮衬家里开货车（当然，这么干在如今可是违法的）。当货车出现问题时，他会爬到车身底下，捣鼓几分钟，然后满手油污、一脸满足地钻出来——问题便解决了。他一辈子都在研究各种各样的事物——一所学校、一座博物馆、一家公司。无论做什么，父亲的性情一点儿都没有变，他永远是一个喜欢新玩意儿、新发明的人。无论身处何种境遇，他总是撸起袖子拼命干，直到问题得到解决。

也许就是这种一脉相承的好奇心让我成为一名科学家。早些时候，物理学让我有机会去探索宇宙和控制我们生命的各种规律。后来，为了寻觅更多的挑战，我开始关注网络与数据中蕴含的复杂性。作为一名警惕的提问者，我自认为已经在学术世界中找到了可以安放好奇心的角落。在这个高度联结的技术世界中，我越来越多，也越来越乐于运用数据开展调查研究。我固执地追寻着数据迷宫中隐藏的踪迹。但是，捕获一个问题的答案总会不可避免地引出更多的问题，新的可能性会像小飞虫一样围绕着原来的研究课题“嗡

① 特兰西瓦尼亚（Transsilvania）指罗马尼亚中西部地区。特兰西瓦尼亚原为匈牙利王国之领土，在第一次世界大战结束后，成为罗马尼亚的领土。——编者注

嗡嗡”地盘旋。我也尝试着把它们驱赶开，将注意力集中到原来的课题上。但是，与曾经那个充满好奇心的小孩儿一样，对于纷繁复杂的事物，我依然会不由自主地执着于一长串“为什么”。正是这种追索答案的欲念，促使我夜以继日、像被打了鸡血一样不断探索。

曾有段时间，我在波士顿负责复杂网络研究中心的工作，职责就是解答藏在不同系统背后的各种各样的“为什么”。这些“为什么”涉及人与人之间的关系，分子与分子之间是如何相互作用的，以及代表相互作用的连边又是如何形成的，网络内部的联结能够给我们哪些关于社会和生命起源的洞见，等等。为此，我和团队研究了万维网的拓扑结构，分析了基因网络中一些看起来不起眼的小故障是如何导致疾病的，探寻了我们的大脑是如何控制数十亿个神经元的，探究了食物中的各种分子是如何附着在我们的蛋白质上并保障我们的长期健康的。

为什么永远只有一小撮人能够成为超级巨星

我喜爱社会结构背后的数学，那是一种用数字构建的框架，可以用来理解我们之间联结的本质。当我利用模型和工具深入探究对科学分析而言不那么典型的问题时，这类框架[①]便可以让我们获得更深刻的知识。

我们正是用这样的方法来研究“成功”的。在拿到关于人类成功的海量数据后好几年，我们才找到了一种办法将“成功”这个概念分解成若干成分，从而能够像研究螺母和齿轮一样研究它。我们的目标是把“成功”转化为数学问题，使用定量科学的工具准确无误地分析它。这和分解一辆自行车或者推测太阳的温度没有什么两样。从看到塑造成功的机理时起，我们就开始尝

① 指分析复杂系统，特别是社会系统的各种数学框架。——译者注

试回答那些似乎不可能回答的问题，这些问题就如同小时候我用来折磨父母的那些问题一样。

比如，那些挂在现代艺术博物馆里、看起来脏兮兮不起眼的照片，为什么会被认为是杰作？为什么音乐剧《天上人间》而非《猫》[①] 会成为历史上最杰出的音乐剧？去那些学费昂贵的学校就读到底值不值得？为什么每个领域都只有一小撮人能够成为超级巨星？

这类有关成功、成就和荣誉的问题有成百上千个，回答它们就如同回答“太阳表面温度是多少”这类似乎不可能回答的问题一样。类似的问题还有，付出努力能否让我们直上青云？我们的创造力何时会枯竭或者勃发？我们应该和行业中的超级明星合作还是竞争？社会网络和职业网络对我们的成功有何助益？

无论读者是否相信，对于上述这些看起来无法量化的问题，我们都能给出定量的答案。只要分析出数据背后的模式，甄别出塑造成功的机理，我们就能针对上述问题给出正面的答案。一旦我们领悟了个体成功和失败背后具有普适性的定律，很多美妙的发现就会如同泉涌般自然涌现。

“成功”源于“灾难”

我们对成功的研究最早其实是从研究灾难开始的，有意思的是，最终这个研究却在分析成功方面开花结果。那时候，我们实验室尝试通过分析移动

① 《天上人间》（*Carousel*）是百老汇的经典音乐剧，于 1945 年 4 月 19 日在百老汇皇家大剧院首演，1999 年获评《时代周刊》“20 世纪最佳音乐剧”。《猫》是剧作家安德鲁·韦伯根据 T. S. 艾略特为儿童写的诗改编的歌舞剧，于 1981 年 5 月 11 日在伦敦西头的新伦敦剧院首演。《猫》凭着难以打破的票房纪录成为英国有史以来最成功、连续公演最久的音乐剧。这两个剧哪个更杰出实在难说。——译者注

电话产生的数据来了解人类在面对大灾难时的反应。当时，我邀请实验室一位名叫王大顺的华裔博士生来帮助完成这个项目，他非常喜欢社交。最终，我们完成了一篇非常棒的论文[1]，我相信这篇论文会对全球范围内的灾害救援活动有重要的启示意义。

令人感到遗憾的是，别人可不像我这样想。我们尝试了很久，却一直无法让这篇论文发表。首先是那些顶级期刊拒绝了我们的论文，接下来是那些很一般的期刊。我们曾自嘲说，应该把论文标题中的“灾难”一词删掉，因为这个词不太吉利，早已预示了论文的悲惨结局。

作为一名习惯了在篮球场上驰骋的“运动员”，王大顺对这篇“灾难性”的论文满不在乎，也许对于他来说，这只不过是球场上的某次“失利”罢了。“研究灾难的论文最终会遭遇灾难”，这件颇具讽刺意味的事情或许也让王大顺忍俊不禁。不过，某天晚上我和他探讨他的下一个研究课题时，他表现出了热切的期待。他轻声笑着，一语双关地说：“我可以做任何事情，但不希望下一个工作还是灾难。”“那好吧，”我说，“为了让你的下一个项目成功，我们研究成功的科学，如何？”

实际上，我的回答只是半开玩笑，没有当真。不过话一出口，我就想，既然我们都要四处寻觅那些有趣的话题，为什么不干脆把我们的方法用到研究成功上面呢？研究成功和灾难也没有多大的区别。结合天气模型和大量数据，我们可以精确地预测飓风的行进轨迹。这样的预测价值巨大，因为它能够帮我们做好应对措施，比如，在那些会被飓风直接碾压的地方，人们需要用压条固定好所有的门窗，至于那些临近的区域，只需要准备好雨伞就可以了。一个世纪之前，对于暴风雨的准确预言还被视作一种巫术行为，但现在我们已经不会再去质疑对飓风路径的预测是不是靠谱了。既然如此，为什么我们不针对成功做点儿类似的事情呢？事实上，各种各样的数据和巧妙设计的数据模型会给我们带来魔术一般的奇效。

我们从一个小而具体的领域开始了研究：成功的科学。在大数据时代，我们拥有很多如珍宝般的关于人类活动的全面记录，比如，关于研究论文的记录可以追溯到一个多世纪前。因此，为什么不把“科学”放在我们的“数据显微镜”下研究呢？这个研究应该能够回答很多长期困扰我的基础性问题：成功是如何涌现出来的？如何去测量成功？为什么很多我心中的超级英雄——那些做出了重大发现并因此让我们的生活变得更加充实富足的科学家，其研究工作似乎注定不会受人关注，在搜索引擎中很少出现？反过来讲，为什么有些既不重要又不新颖的工作却如明星般闪耀呢？

不是鸡汤式的成功学，而是成功的科学

我们立刻开始了数据模式的探寻工作，最终得到了可以用来预测我们自己、同事，乃至竞争对手未来产出的公式。正如《巴拉巴西成功定律》这本书中讨论的一样，事实上，我们可以“快进”一位学者未来的科研生涯，预测他将获得的学术影响力，测量他将做出重大影响力工作的概率，或者他的贡献仅限于被小圈子里的少量内行赞赏的概率。我们还研发出了一种算法，它可以在对一项重要发现都有贡献的数百人中，预测出谁最终会获得最高的声望。但可惜的是，获益最多的人却很少是那个贡献最大的人。

那么，最出乎意料的发现是什么呢？我们认识一位在亚拉巴马州一家丰田车行打工的司机，他的工作令人难以置信地被忽视了，从而与诺贝尔奖失之交臂。他只是我们通往理解成功之旅中遇到的一类代表人物而已。我们还遇到了很多稀奇古怪的人，比如，能在8分钟内众筹到一万美元的奇才，一个热衷于百老汇音乐剧的哈雷骑手，一个从海洋学家转行做酿酒师的人——他揭示的丑陋真相改变了我买酒的方式。

我们第一个关于成功的科学的研究持续了两年时间，这项研究开创了一个

新的研究领域。关于这项研究的论文是王大顺第一篇以第一作者的身份完成的论文，发表在国际上最负盛名的期刊之一《科学》上，我们都对此感到有些错愕。我们从一篇“灾难性”的论文出发，终于跌跌撞撞地走向了“成功”。

从这项研究成果中，我学到了很多关于科学研究的知识，并沉迷其中。不过我很快意识到，我们可以用同样的方法来分析其他领域中的成功。同样的模式会出现在体育成绩、艺术成就或者销售记录中吗？我们能够像预测新科学发现会成功一样，预测出哪个电视节目或者哪本书能够引发轰动吗？我们能够像预测学术生涯的发展情况一样，去预测商业生涯吗？我们从科学家的成败中观察到的模式和规律能否反映一些更深刻的、适用于我们每个人的真相呢？我们的数学工具箱是否最终会告诉我们，各个领域的成功都遵循一些相同的定律？

老实说，我臆想的这些问题的研究风险很大。大家只要瞄一眼成功学的书——这样的书在我喜欢的书店里堆了有一整面墙高，就会发现其中全都是一些心灵鸡汤和奇闻逸事，它们与科学书架上那些坚实的定理和实证数据有着天壤之别。

尽管如此，这些书同样告诉了我，人们是多么殷切地想知道到底是什么因素塑造了成功。这是一个困扰我们很多人的问题，而且理当如此。成功不仅是人类实践和存在经验中的一个基本部分，而且是我们用来度量人生经历的一个基本的标志。我们所选择的事业甚至业余爱好成功与否，对于评价我们的人生来说非常重要。当我们有了新发现，完成一件艺术品，或者设计出新玩意儿时，总是想知道它们会不会对这个世界产生影响力。当我们设想自己未来的发展轨迹，或者考虑自己的孩子如何步入成年时，每天都会困扰于同一个问题：成功和失败的界限到底是什么？只有当某一天我们真正找到了各个领域中的成功模式时，或许就能够理解那些过去我们总是将其归为“运气”的东西。

那张看不见的网，成功有定律可循

为了回答上面这些问题，我向实验室的成员提出了一个挑战：去发现那些支配成功的定量化的规律。每一个成功的故事都会留下数据痕迹。我希望我们不仅能够捕捉到这些痕迹，还能够从中发现成功遵循的模式，以及成功背后的驱动力。我们所做的是，非常细致地搜集各个领域中有关成功的数据，包括艺术、学术、体育、商业等领域，然后在一个更大的尺度上分析它们。我们花钱购买了包含所有已发表论文的一个大数据库，这使我们可以重建一个多世纪以来所有发表过论文的学者的学术生涯。我们购买了权限，可以看到美国所有图书每星期的销量，这可以帮助我们分析每一位作者在商业上获得的成功，而不用考虑他们的写作体裁和风格。我们还可以获取全球画廊和博物馆的展出信息，从而重建当代艺术家的创作生涯，并找出可以促成其中一部分人获得成功的背后那张“看不见的网”。我们遍寻大量关于体育、商业和创新领域中关于成功的数据，然后将这些数据放到“量化显微镜”下研究。

“量化显微镜”是我们实验室和其他学术同行经过 20 多年开发出来的，其背后的分析工具和数学严谨性是经得起考验的。实际上，几十年来，计算机科学家、物理学家和数学家已经反复将这种分析工具用于揭示宇宙的秘密、治疗与基因相关的疾病、在毫秒级的时间内发现数十亿网页中有价值的信息等。我们用这种工具分析上面提到的那些数据集，试图研究清楚我们是如何与成功不期而遇的。为了更全面地捕捉这个新生领域的各种可能性，2013 年 5 年，我们在哈佛大学组织了一场关于成功的科学的研讨会[2]。从社会心理学家到商学院的教授，有超过 100 位研究者参会，并分享了他们的发现。如果将已知的发现放在一起，我们立刻就会看到一系列反复出现的模式，正是这些模式驱动了绝大多数领域中人们的成功。

这些成功的模式具有普适性，因此我们将其称为“成功的定律”。科学定律是严谨而不可改变的，而我们将这些发现称作“定律”，对于其他学科的研究人员而言，似乎显得有些傲慢和轻率。但是，我们研究得越多，就会发现这些模式越具有普适性。更关键的是，如同有关引力和运动的定律，无论我们的意志有多坚定、立场有多强硬，科学的定律也不会根据我们的需要和信仰重写。如果谁想要抵抗这种定律，就如同想依靠上下扇动手臂飞起来①，注定是徒劳的。当然，如同工程师可以通过深入理解流体力学和各种小工程来提升飞机的技术，我们也可以利用科学的定律来创造未来。

在接下来的几章中，我们会深入地探究支持每一个成功的定律的科学证据。《巴拉巴西成功定律》这本书的目标就是将我们的发现呈现给读者，让读者理解那些虽然复杂但会在生活和工作中反复出现的塑造成功的机理，并在人生中使用到这些知识。但这并不是一本励志书，而是一本科学手册，即用科学的方法来呈现和理解我们的成果。科学分析可以阐明看起来完全非理性的难题，帮助我们真正理解人类世界中的随机性，比如，告诉我们是什么机制让我们在工作中顺利地完成任务，是什么模式让有些艺术家成为明星而让另一些一蹶不振，是什么原因让我们感觉到成功并不仅仅取决于自己的天赋或能力表现。

成功不是来自能力表现，而是来自社会的感知

尽管爱因斯坦非常有天赋，但他的成功也不是注定的。事实上，很多外界盛传的对爱因斯坦的赞誉，和他对科学的贡献八竿子打不着。总体来说，如果我们希望我们的工作被关注、被赞赏，甚至流芳百世，就不能仅仅依赖纯粹的本能、优异的能力表现，或者其他那些鼓舞人心的陈词滥调。

① 这是试图抵抗有关引力和运动定律的一种行为。——译者注

事实上，基于《巴拉巴西成功定律》这本书的出发点，我们将成功定义为“我们从所属社团中争取来的回报”。以被《时代周刊》誉为“世纪人物”的爱因斯坦为例，他得到的回报就是声望。这种“来自所属社团的回报”是多种多样的：合作者的认可、品牌的能见度、艺术家的声望、唱片或者演唱会门票的销量、商业交易或者经销所得的收入、银行家的获利、剧作家吸引的观众数、科学家的论文得到的引用数、运动员的粉丝量，以及你在各个领域希望有所不同之后带来的影响力。这些成功的度量方法背后有一点是相同的：**它们都是基于外界评价而非内省，都是基于集体评价而非某一个体。**

我们强调成功的度量方法来源于外界和集体，并不是说我们自身没办法体验成功。事实上，个人的成长、满足感和深刻的体验无疑是意义重大的。我们的研究框架和所定义的成功并不是要刻意排除这种个人的体验。一般而言，个人的体验和影响力是一致的，比如，当我们做出了有影响力的工作时，也会觉得很开心。但是，作为一位科学家，我没有办法测量个体的满足感，就如同我没有办法用一个数字刻画幸福感。每个人对成功的定义都是独一无二的，所以这些定义对于我们将要介绍的“大数据分析方法”来说都是不可见的。一件对于很多人来说值得高度赞扬的成就，可能会被完美主义者看作一次失败，这些完美主义者可能会争论说，真正的成功只能来自那种让自己发自内心感到满意的工作成果。好吧，这也没错，可能很多挑剔的人都是这样想的。甚至有可能某个人写完了一本小说，即使没地方发表，他也会极其开心，认为这就是一种无与伦比的成功，因为他的人生目标就是要完成这部小说。这难道错了吗？显然也没有。我的人生也一样充满个人的目标，比如做一位好父亲，又比如成为一位有深刻见解的导师，还有至关重要的，做一位聪慧的传道授业解惑者。我又何尝不想通过更加个性化的镜头去捕捉和探索成功，遗憾的是，我没有找到可行的方法，因为我们的研究方法难以获取个人的目标。据证明，这些深藏于我们内心的“东西”是无法被测量的。

假设你是一位很有天赋的滑冰运动员，正在从一次膝盖外科手术中慢慢恢复。在理疗专家的帮助下，你通过反复练习，可以缓慢地移动。你给自己设定了很多目标，然后开始了艰苦甚至痛苦，但又卓有成效的康复过程。三个阶段之后，你终于可以不用借助拐杖走路了。更长一段时间之后，或许经过了 10 个阶段，你终于可以再次穿上溜冰鞋回到阔别已久的赛场。这是胜利的时刻，是成功的交响乐应当为你奏响的时刻，或许好莱坞应当考虑把你的故事搬上大银屏。如果将这个漫长的康复过程称作你人生中最大的成功，那么我举双手赞成。

不过在本书中，我们克制住了将这种情况称为“成功”的冲动。这不是说我们完全无视这种成就，而是我们换了一种说法，将其称作“能力表现”：**通过艰苦努力你实现了一个重要的目标，但是你得到的回报是内省的，主要来自你个人的满足感。**这当然非常重要，无论对你，还是对你的理疗师、教练、家人，这就如同工作中一个里程碑似的成就对你和你老板的重要程度。这种能力表现甚至还能提升你未来的能力表现。但是，当我强调成功需要来自社团的反馈，是集体而非个人时，我是指我们需要看到你的能力表现带来的影响力能够像涟漪一样在你身边的人和环境中传播开来。简而言之，我们需要看到你的能力表现是如何对我们产生重要作用的，而不仅仅是对你自己而言。

不知道大家是否还记得一个老掉牙的哲学问题：“假如一棵树在森林里倒下，而附近没有人，那它有没有发出声音？”[①] 从我们对成功的理解来看，答案是“没有”！如果观众没有为你那惊天动地的成就鼓掌欢呼，只可能是因为

---

① 关于这个问题的一个广为流传的说法是，这是哲学家乔治·贝克莱（George Berkeley）提出来的。在贝克莱的传世名著《人类知识原理》（*Principle of Human Knowledge*）中确实提到过树木，但是并没有提出这个问题。这个问题的现代版本应该来自 1883 年 6 月的《肖陶扩集会》（*The Chautauquan*）杂志和 1910 年由查尔斯·里博格·曼（Charles Riborg Mann）和乔治·兰塞姆·特威斯（George Ransom Twiss）撰写的《物理》（*Physics*）一书。——译者注

他们没有真正感受到你成就的影响力。在这个人类行为可以像测绘地质一样被精确记录的时代，大数据可以让我们通过度量你的能力表现所带来的群体反馈来描绘成功。在这个高度互联的技术驱动的时代，我们不仅仅能够分析让成功得以涌现的原因，还能够看到，如果成功通过网络传播，最终会影响到远在世界另一边的群体。

尽管我认为个人的满足感对成功而言是重要的，但这并不是我在工作中要考虑的因素。尊重这一事实，我们就可以顺利地解除对自己研究的束缚。关于成功的大众化定义加深了一般读者的印象：成功就像爱情一样，是一种说不清道不明的模糊概念。这个问题含糊、暧昧，让科学家望而却步，他们认为这根本就不能被严肃地研究。如果我们将成功看作一种可测量的集体现象，就可以将这些错觉抛之云外。一旦我们从外在的反馈来定义成功，就打开了一扇充满各种可能性的大门，可以用科学调查、分析的手段来量化成功。而一旦我们这么做了，就可以揭示统治我们成功的科学定律。

这些定律区分开了最畅销的商品和打折的地摊货，区分开了亿万富翁和破产者；它们阐明了为什么有缺陷的竞争协议会将成功完全交于运气；它们说明了为什么专家，包括品酒师、古典音乐剧的鉴赏师、花样滑冰裁判员，以及其他法官、裁判、鉴赏人员等，经常在辨别一些东西的品质时比我们好不到哪儿去；它们揭示了为什么那些在会议上总扮演支配者角色，但实际上经常迟到且在各种情况下都没做好准备的人，最后却成了我们的老板；它们还会告诉我们，在一个失败者身上下赌注会有想象不到的效果，而一个很小的初始捐赠也可能决定一场筹款活动的成败；它们甚至能够解释为什么一首从头到尾没什么歌唱技巧可言的歌，却可以令人不解地风靡一时。本书所介绍的成功的定律不可改变地统治着我们的生活和事业，就好像引力定律亘古不变地统治着我们的世界一样，尽管直到最近几个世纪我们才知道它的存在。

在大数据和成功的科学出现之前，我们一直认为，一些运气、努力再加一些天赋按照某种未知的比例混合起来，成功就会如魔术一般涌现。我自己也这么认为。我是一个来自特兰西瓦尼亚的移民，来到美国求学。我相信，努力工作是我获得成功的最佳策略。我比一般人更坚定地想证明自己能够在美国获得成功。在科学研究中，我唯一的招数就是做出出人意料的成绩、做有长期影响力的发现、从事在一个领域内有颠覆性影响的工作，从而让别人无法忽视我的贡献。几年前，实验室的成员在实验室门上贴了一张劲量兔子[①]的贴画，我的脸正好面对着兔子粉色的脸。直到现在我也没办法停下来，甚至会因为太过专心于工作而激怒身边亲近的人。尽管我认真尝试改变过，但这可能是我一生都没办法改变的。在我很小的时候我就相信“爱拼才会赢”，到现在我依然笃定无疑。但是，当成功的定律在我眼前铺陈开来时，比如，当我看到从个体的角度来看似乎是随机的，却在群体尺度上规律地涌现出来的清晰模式时，我为自己曾经的无知感到震惊！

尽管我知道能力表现对于成功而言很重要，我也知道能力表现不是唯一重要的因素。在接下来的章节中我将会呈现其他一些不可或缺的因素。当我们把塑造成功的要素分解开来之后，就会迫不及待地想抓住一切，包括那些在我们生活中可控的和控制不了的。就好像自然定律，成功的定律也不是对所有人在每个时刻都适用。不过，当我们实实在在地参与到某些具体的活动中时，总有一些定律会发挥作用。举个例子，空气动力学对飞行来说很关键，摩擦力对驾驶来说很关键，流体力学对驾船来说也很关键……不同的定律和公式会根据你选择的不同交通方式而发挥具体的作用。成功的定律也是如此，比如我们对团队成功的分析并不能用来解释一位孤身作战的艺术家的巨大成功。

---

① 劲量电池的广告形象，类似的形象金霸王电池更早也用过。各种相关广告内容大同小异，都是安装了劲量电池的兔子，动起来力量十足且停不下来，而安装其他电池的兔子要疲软得多。这应该是实验室的同事开的玩笑，表达作者就像劲量兔子一样精力十足，拼命不停。——译者注

我们可以用这些定律来理解那些看不见的力量是如何致使我们的成功和失败的，这些认知确实对我们具有重要启示。在我还是小孩子的时候，我更像一位艺术家而不是科学家。在我开始学高中物理课几周后，我们进行了一次突击测试，共 10 道题，我做对了 8 道，而其他同学都挂科了，当老师表扬我时我超级自豪，我以前从来不知道我在物理学上有如此高的天赋。事实上，我那时对物理也并没有什么热情，之所以能够相当出色地搞定 8 道题，是因为头天晚上我父母的一位工程师朋友正好和我们住在一起，并且在我做家庭作业时辅导了我。

成功背后的东西

当时，我已经忘掉是因为那位工程师的辅导才使我正好在突击测试中有了良好的表现。在离开教室的时候，我心中充满了自信。那是我第一次在科学上获得某种成功，而这次经历在我毕业之后还对我影响许久。坦白地说，我后面的人生因为这次经历而发生了改变。尽管当时还没有真正意识到这次经历的重要性，但这实际上是我第一次遭遇很多可能影响我事业生涯的复杂机制。这次经历背后所深藏的东西，也包括后来我的很多个人成就背后的东西，都能在成功的定律中捕捉到。

目 录

巴拉巴西成功第一定律

The Formula

能力表现驱动成功，但当能力表现无法被衡量时，社会网络驱动成功。

The First Law: Performance drives success, but when performance can't be measured, networks drive success.

01

红色男爵
与
被遗忘的王牌

The Red Baron
and
the Forgotten Ace

成功是一种
集体现象

1915 年，德国军队的指挥官们收到了一封来自一名年轻骑兵曼弗雷德·冯·里希特霍芬（Manfred von Richthofen）[1] 的投诉信，其中写道："我不是为了收集奶酪和鸡蛋而参战的。" 冯·里希特霍芬来自普鲁士一个显赫家族，毕业于军校，热衷于打猎。他不想自己的参战生涯就在后勤部门里度过，他想要投身战斗。无论是因为他的热情还是贵族的出身，最终他终于如愿以偿地被调到了空军。

对冯·里希特霍芬来说，继续做一名收蛋员的确是大材小用。他只接受了 24 小时的训练，就能够驾驶全新的信天翁双翼机进行首次单人飞行。这架飞机开放式的驾驶舱和单薄的框架，仅仅依靠架在两个薄薄的轮子上来保持平衡，以现代的标准来衡量，这架飞机摇摇晃晃，难以置信可以用于作战。仅仅一个月之后，冯·里希特霍芬在与协约国的战斗中击落了 6 架飞机。他无所畏惧，有时一天 4 次飞过被战斗摧毁的法国农田上空执行任务，向协约国飞行员施以猛攻。仅在 1917 年 4 月，22 架飞机就在他的火力下变为残骸，协约国遭受了极大的损失，这个月因此被称为航空史上著名的“血腥四月”。在 3 年的飞行生涯中，冯·里希特霍芬一共击落了 80 架飞机。按照官方统计，这比第一次世界大战中的任何其他王牌飞行员击落的飞机都要多。

在现代，我们会不惜花费数十亿美元来让飞机在敌人的雷达前遁形，而冯·里希特霍芬却在当时做了一件非常不可思议的事情——他将自己长得像黄蜂一样的飞机涂成了耀眼的红色。飞机划过天空，那片红像涂抹在屠夫围裙上的鲜血，这就是他著名的绰号“红色男爵”的由来。冯·里希特霍芬会从柏林一家高端珠宝商那里为自己的每一次战绩定制一个刻有纪念图案的奖杯，这充分体现了一个贵族的傲慢。在德国被战争榨干、耗尽白银之前，他一共收集了 60 个奖杯。他继续战斗，但不再继续定制奖杯了，因为在他看来，用普通金属制成的奖杯根本配不上他的战功。

红色男爵的故事被传颂了一个世纪[2]，范围远远不止于德国。以他为主题的书籍有 30 多本，其中也包括他自己在 1917 年出版的自传，那是他在一所战地医院治疗头部创伤时写的。他的人物形象曾出现在好莱坞电影、连环画和漫画书中。数十部纪录片充满敬畏地重现并分析了他的空中壮举。他的名字从战争史爱好者的书架一直延伸至杂货店的冷冻柜。如果你真的想让自己的生活被冯·里希特霍芬填满，可以一边在红色男爵 3-D 飞行模拟器上训练，一边吃红色男爵牌冷冻比萨。他的身影也出现在了广为流传的、世界上深受喜爱的《史努比》动画片中，史努比与红色男爵斗智斗勇的情节深深地根植于一代美国人的童年幻想当中，皇家卫兵乐队（Royal Guardsmen）的一支热门单曲就以此为名——《史努比大战红色男爵》(*Snoopy vs. the Red Baron*)。

我的童年在东欧度过，没有看过动画片《史努比》，直到我在一份相当不知名的期刊中看到了一篇 2003 年发表的研究论文[3]，才听说了红色男爵。这篇论文探讨了德国在第一次世界大战期间击落 5 架或更多架飞机的王牌飞行员的能力表现。战斗机飞行员的能力表现相对来说已成定局，由一个单一的数字决定，即他们记录在案的全部胜利次数。冯·里希特霍芬以 80 场胜利稳居榜首。诸如汉斯－赫尔穆特·冯·博德迪恩（Hans-Helmut von Boddien）这样只有 5 场胜利的飞行员则都位于接近末尾的位置。

对飞行员的能力表现进行准确的记录是有目的的——研究者很想知道认知度与飞行员的能力表现有何关联。认知度通常很难被衡量。研究者不能以这些飞行员获得的军衔或奖章作为排名结果，因为这些飞行员中的大多数人没能活着看到战争结束。

于是，研究者提出了一个简单而巧妙的解决方案，利用谷歌的点击率来测量人们在互联网上搜索这些飞行员名字的次数。谷歌的点击率帮助研究者估算出了将近一个世纪后，世人对每位飞行员的记忆程度。如果德国的王牌飞行员像协约国的一样有很多"罗伯特·哈尔（Robert Hall)"这样常用的名字，这个方法就很难实施了，因为有很多罗伯特·哈尔一辈子都没有击落过一架飞机。研究者之所以选择关注德国飞行员，正是因为他们有着独特的名字，比如奥托·冯·布雷顿－兰登伯格（Otto von Breiten-Landenburg）或戈尔德·陈彻尔（Gerold Tschentschel），这就避免了研究者常常遇到的一类问题——研究对象将研究指向了无数个不相关的目标。

392 名德国王牌飞行员总共获得了 5050 场胜利。仅仅冯·里希特霍芬一个人，就击落了 80 架敌机，但这项令人震惊的个人纪录也仅占总数的 1.6%，不过是冰山一角。然而，他的谷歌点击率占德国王牌飞行员总共点击率的 27%，他在我们的集体意识中占据的空间比其任何同胞都大得多。

乍看之下，红色男爵的例子证实了一个普遍的假设，那就是：强大的能力表现会带来成功。

事情就是这么简单：如果你完美无缺地执行了飞行任务，完成了引人注目的空中特技，并且准确地击中了目标，那么，你的能力表现在你从事的领域内就是最佳的，你就会因此被人们记住，被远隔重洋的世人尊敬几个世纪。

从小学开始，我们就被教导，我们可以崭露头角的最佳策略便是完美的能力表现。我们所崇拜的榜样，比如运动员、艺术家、作家、科学家和企业家等，他们的成功都好像遵循着同样的规律。励志大师、足球教练、教育工作者、望子成龙的父母、白手起家的政治家，甚至是德国王牌飞行员的研究者，统统都将能力表现等同于成功。

雷内·方克（René Fonck）却是个意外[4]。

方克是谁？你可能会问。我在看到一篇关于他的鲜为人知的文章时也有同样的困惑，他默默无闻的程度和他的成就比起来简直令人瞠目结舌。

在第一次世界大战期间，为协约国作战的法国飞行员方克宣称击落了 127 架德国飞机。这些胜利中有 75 个已被逐个证实，这至少能让他成为第一次世界大战中第二成功的飞行员。如果将方克的那些未经证实的但最有可能是真实的战绩也算上，得出的总数会超过 100 个。这就意味着无论从哪个方面来看，方克和红色男爵在空战能力表现上旗鼓相当，而且方克很可能略胜一筹。

方克无疑是一位比红色男爵更精通空中作战技术的神枪手，他击落一架飞机很少超过 5 发炮弹。此外，方克十分擅长优雅地操作飞机，一名飞行员将方克在炮火下的飞行比作一只蝴蝶在快速躲避捕食者时的上下翩跹。冯·里希特霍芬实际上输了三场战斗，最后一场在他 25 岁那年结束了他的生命，而方克和他的飞机甚至从来没有被敌人的炮火伤及分毫。在执行任务中，他经常是唯一的幸存者，这意味着他在防御性地击落飞机的同时，还要通过精确的计算来确保自己能逃生。他的战术远胜于冯·里希特霍芬的高空扫射。

然而，我们对方克的所有了解都来自一本很难找到的自传，以及散落在各处寥寥几笔的描述。在很大程度上，他被时代遗忘了。这就好像每一架被红色男爵击落的飞机都在地面上形成了永存的撞击坑，将他的成功不朽地铭刻在大地上。而方克以相同或更高的频率击落飞机，但它们的坠毁都微弱得听不到声音。

为什么呢？这是一个令我着迷的问题。我还可以再举一些例子。1955 年，家住亚拉巴马州蒙哥马利的非裔美国少女克劳德特·科尔文（Claudette Colvin）[5] 在公交车上拒绝将座位让给一名白人乘客，9 个月之后，罗莎·帕克斯（Rosa Parks）也做出了同样的举动。同样的举动、同样的城市、同样的时间，但当学生学习美国民权运动的英雄人物时，却鲜有人提到科尔文。托马斯·阿尔瓦·爱迪生因发明 X 光成像技术[6]、电影、录音和电灯泡而受到赞誉，但实际上很多记在他名下的发明都是由其他科学家或发明家率先发明的。还有莱特兄弟，根据教科书的记录，他们是飞机的发明者。但有资料显示，第一次动力飞行是在 9 个月前由新西兰人理查德·皮尔斯（Richard Pearse）完成的。我们可以从中看出，**真正重要的似乎是最后一个做出发现的人，而不是第一个**。

无数呈现在我们眼前的故事都在讲述那些出色地实现了自己的梦想却似乎无法抢先赢得成功的人。比如，我们最喜欢的餐馆在繁忙的夏季倒闭了；一位才华横溢的叔叔做的小发明依旧只是一个拼凑起来的产品原型，遗忘在他的郊区地下室里；孩子的钢琴教师是一位真正有才华但从未有过重大突破的人。我们经常把这种默默无闻归咎于运气不好，就如同拿到了一副烂牌，但你是否像我一样发现，这样的答案并不令人满意，而且根本说不通。

如果仔细观察数据，你就会发现红色男爵和方克的表现不分伯仲，他们名望上的巨大差异说明了成功学中最基本的一个原理，我们对“成功”一词的定义也得以拓展。

你的成功不取决于你与你的能力表现，而是取决于我们，以及我们如何看待你的能力表现。

或者，简单来说，你的成功不是由你决定的，而是由我们。

对成功的这个定义，是《巴拉巴西成功定律》这本书讲述的关于成功的研究的基本前提、公理或者起点。

能力表现，或者你做了什么，是一个你可以控制的变量，无论是自行车比赛纪录、卖出的汽车数量，还是多选题考试中的分数。你可以通过磨炼技能、练习、准备和制定策略来完善你的表现，你甚至可以将自己的能力表现与他人进行比较，从而确定自己的水平。

然而，成功属于另外一个完全不同的范畴，它属于一种集体测量，是人们对于我们表现的反应。如果我们想衡量自己的成功，或者想知道最终将如何获得回报，就不能只关注自己的能力表现或成就。相反，我们需要研究自己所处的社会，研究它对我们的贡献做出的反应。正是这种成功和能力表现之间的显著区别，帮助我们在实验室里识别出了本书分享的每一条定律代表的普遍规律。

成功的集体性帮助我们解释了，为什么世界上有千千万万个“雷内·方克”都取得了惊人或罕见的壮举，却未被广泛认可。当然，社会的认可度取决于你的工作质量；如果红色男爵是平庸的，他就不会被人记住。事实上，这并不是被记住的唯一因素。你可以表现得很好，但不会因此而被承认，这是我们大多数人都可以从经验中得知的一个不幸事实。我们有多少次看到表现没有那么好、甚至表现很差的同事因工作而受到称赞。历史上有许多富有原创性的艺术家和思想家，而他们的贡献在很大程度上被人们遗忘了，因为他们同时代的人未能意识到他们的天赋。你可能正在写最好的代码，或者为公司节省大量资金，或者你的抽屉里就藏有一部可能会一鸣惊人的电影剧本，但如果我们不知道你的成就，那么我们如何认可你呢？如果我们没有看到、接受并给予你的能力表现以赞赏，如果我们（我所说的“我们”不仅仅是指几个孤立的声音）不认为你的项目有价值，那么它在成功之路上很可能会步履蹒跚、停滞不前，或者几乎无法实现。

成功是一种集体现象

我们对成功的新定义是《巴拉巴西成功定律》这本书后续内容的前提。它告诉我们：**成功是一种集体现象，而不是个人现象**。

如果我们所处的社会将决定我们的成功，那么我们就必须观察对个人能力表现产生集体响应的社会和职业网络。我们很少有人能在旅程的开始就站上成千上万人为自己欢呼的舞台，最初的影响力不可避免地是局部的，只会被我们的家人、同事、朋友、邻居、合作者和客户认可。偶尔我们会激起涟漪，延伸到周围的圈子之外，引发广泛的集体反应。我们当中最成功的人掌控了这个网络，在集体意识中占据了一席之地，在各色人等的大脑中占据了真正有价值的地位。

将这样有利的网络想象成大脑来进行思考是一种不错的方式，用集体意识来评估我们对成功的定义也是一种不错的方式。大脑虽然是一个能够记忆、感知和思考的单一实体，但它是由非常复杂和紧密相连的神经元网络组成的，我们所经历的每一种思想、体验和感觉都是由神经网络经过一连串的刺激产生的，而不是由单个神经元独立产生的。

表征我们成功的网络同样很复杂，就连脸书（Facebook）这样的社交平台也无法真正地渗透到我们所处的密集的社交网络中，在社交网站上发名片（使用社交网络时具有象征性的行为），只是职业网络为我们赋能的最基本方式。

用网络的语言来说，我们都是一个个相互联结的网络中的节点，这个网络把我们和其他数十亿节点联结起来。因此，若想查看你对集体环境的影响，就必须查看网络中的其他节点，并观察它们是如何对你的能力表现做出响应的。成功的这种带有集体性的定义提醒我们，我们需要观察自己所属的网络，并为了实现未来的优势制定策略。一个网络的世界，它的高速公路和牛道，它的荒野和峡谷，向我们展现着实现自己目标的道路。

举一个我个人的例子。作为科学家，我的能力表现取决于一件事情——科学发现。难道不是吗？当然能力表现也需要机遇作为抓手。我在特兰西瓦尼亚长大，是一个匈牙利小孩，生活在封闭的罗马尼亚，只允许到部分国家旅行，国际会议更是禁止参加的。我接触科学期刊的机会非常有限，甚至也没有太多学习英语的理由，因为我离开罗马尼亚的可能性几乎为零。因此，无论我作为一位崭露头角的科学家多么有前途，我与作为科学生命线的职业网络都差之千里。

但是，在1989年的夏天，一个电话将我从布加勒斯特（Bucharest）的宿舍拖了出来，送回了特兰西瓦尼亚的家乡，那时我的考试已经完成了一半。我的父亲是一位颇有名望的博物馆馆长，是罗马尼亚政治体系中最后几个担任领导职务的匈牙利少数民族之一。作为民族主义对少数民族迫害的受害者，他的职位和生计突然被剥夺。前一天，他还经营着一家博物馆，第二天，他就只能在当地的公共汽车上靠检票为生了。这种变化过于明显，让那些迫使他下台的人的行为显得特别恶劣。于是他们再次密谋，彻底结束了他的职业生涯。就这样，我和父亲在匈牙利成了政治难民。无论如何，这都不是我为自己选择的——我与母亲和妹妹分开，我从来都没有经历过比那更孤独的时刻。我开始在一个没有朋友甚至熟人的国家生活，但当从震惊中恢复过来后，我意识到那些心胸狭窄的官员帮了我一个忙：他们把我们送走，让我进入了一个在当时的罗马尼亚不允许进入的职业网络。

> 就在三个月之后，我跟随世界级科学家塔玛斯·维切克（Tamás Vicsek）一起学习，他在美国做了多年的研究员后归来。他还邀请了领域内非常著名的科学家吉恩·斯坦利（Gene Stanley）来参加匈牙利的一次会议，维切克在他布达佩斯的家中举行招待会，让我有了在贵宾面前练习蹩脚英语的机会。斯坦利邀请我去波士顿攻读博士学位，并动用他自己的专业网络以确保我被录取。毕竟，这是可以利用的条件。但令人遗憾的是，我的英语资格考试没有及格，这是入学的最低要求。尽管如此，我还是留在了波士顿，这座城市被称为"现代科学的亚历山大港"，是一个充满机遇的地方。

我很想说，这一切都是因为我是一名有前途的科学家，我后来的成功仅仅是因为我的能力表现。但后来我想起了布加勒斯特大学（University of Bucharest）的同学，他们中的一些人拿到了我甚至没有资格参加的物理竞赛的金牌。丹在九年级时就已经获得了国际物理奥林匹克竞赛的冠军，在我学了三年都没搞懂的题目上领先于全世界。克里斯蒂安是一个性格温和的天才，他能用柔和悦耳的声音解释几乎所有难题的答案。这两位都比我更有成就。然而，由于缺乏前进的道路，他们都没有在我们选择的职业中取得成功。因此，无论我作为一名科学家多么有前途，那些帮助我在布达佩斯和波士顿取得成功的能力表现，却在布加勒斯特大学被置若罔闻。我们将会在后面的章节中讨论，网络是如何孤立和拥抱我们的，是如何以一种无形的方式塑造我们的前途的。在罗马尼亚的生活给我提供了一份个人的研究案例，让我远在了解背后的科学原理之前得以一窥网络和集体在我的成功中所发挥的巨大作用。

首先问问你为社会贡献了什么

如果用击落敌机的数量这样清晰而可量化的军事标准来衡量，红色男爵和雷内·方克都取得了成功。与战斗双方的其他飞行员相比，他们是这项任务中的佼佼者。但红色男爵和方克的能力表现却与他们如何被社会记住没有太大的关系。相反，社会认同度的差异是由成功的集体性造成的。社会认同度取决于发现、认可以及向世人传播我们能力表现的网络。

红色男爵因为眼神冷漠，常常被形容为冷酷无情和极其自负的人。他的自传不过是用令人不快、沾沾自喜的口吻讲述了自己的各种暴力行为。然而，面对恐怖的战争，他的同僚却被他的勇敢鼓舞。当他张扬地把飞机涂成红色时，他便成了德国宣传机器利用的典型象征，鼓舞了德国大众的士气。他那帽檐下高傲、得意的脸出现在集换卡上。有报纸称，英国军方曾以消灭他为唯一目标，还建立了一个特别的中队。由于所有这些原因，红色男爵成了一个独一无二的英雄。即使他在战斗中英年早逝，在当时阴谋笼罩之中的环境里，这也有助于维持他的神话，否则这种神话可能只会局限于战争背景之中。他生为男爵，死为勇士，被奉为爱国主义和英雄主义的不朽象征。

同样的因素也应该在前线的另一边将方克推到脱颖而出的位置。从很多方面来说，至少一开始协约国确实做到了这点。战争期间，方克获得了王牌飞行员所能期望拥有的一切荣誉，他的盛名甚至让他当选为法国议会的议员。但随后公众便开始攻击他，他的第一个错误是他没有阵亡。在第一次世界大战中幸存下来的他，于第二次世界大战纳粹占领法国期间在政治上陷入困境。他也没能成为一位成功的示范飞行员，因为在尝试从巴黎飞往纽约的第一次飞行中，他的飞机刚一起飞就坠毁了。

撇开细节不谈，两人之间的关键区别在于，一个对他所处的网络有价值，而另一个则不然。红色男爵的成功在于战争期间发生的政治和社会事件，而不仅仅在于他击落了多少架飞机，或者他的虚荣以及他对自己成就的自豪。我们今天能够记住他，是因为他曾经对德国宣传机器起到了至关重要的作用。他的名声来自那些拼命想要一个英雄来激发集体精神的人。公众对这位红色男爵的表现做出了反应，创造了一个关于他的神话，并达到了自己的目的。换句话说，他所处的网络发现他很有用，所以选择去放大他的成功。

成功的定律则会帮助我们理解如何激起这种社会性的集体利益，使我们的能力表现引起广泛的共鸣。如果我们的目标是让自己的工作对别人来说至关重要——谁又不想这样呢？那么我们就需要了解，自己的贡献是如何通过身处的错综复杂的网络而产生集体利益的。

在红色男爵的例子中，他的网络为他创造了传奇，这个传奇异常惊人，以至于影响力超越了战争的局限性。还记得《花生漫画》里的场景吗？史努比在正在下沉的飞机上（他的狗屋）向红色男爵致敬，烟雾在他周围升腾。在我看来，这是一种有运动员精神的、在面对失败时所表现出来的尊重。他的敌人在空战方面是如此赫赫有名，以至于连在无比自由的幻想国度里战斗的卡通人物史努比也没有信心获胜。

但是，当我援引史努比作为成功的仲裁者时，有必要澄清一点，那就是红色男爵不仅仅成功了，他还很有名气。在他死去几十年后，还不可思议地出现在了美国卡通影片中，这就是一个铁证。这就引出了一个重要的问题：我们能把成功和名气区分开来吗？我们必须这么做吗？

成功与名气截然不同

我所见过的最大的圆桌会议是在瑞典斯德哥尔摩市举办的诺贝尔论坛，诺贝尔奖委员会每年都会在这里举行会议，决定生理学或医学奖得主。通往会议室的走廊上挂着每位得主的画像。我曾经参观过这个论坛的举办地，在满是画像的走廊里徘徊，沉浸在那宁静的空间之中。这感觉就像去参观一个小教堂，一个为推动医学进步的不朽圣人而建造的神殿。每一幅画像上都是一位表现杰出的科学家，他们每个人都取得了非凡的成功——他们的同行认识到了他们的重要贡献，并通过授予他们科学家所能渴望的最高荣誉来承认其影响力。虽然我们通常不把名人和科学联系在一起，但如果科学中也有名气的概念，那么无疑他们已经获得了。

一个多世纪以来，这些勤奋工作、充满热情的科学家的发现，确实挽救了数百万人的生命。但是，当我一个名字接一个名字、一幅画像接一幅画像地看过来时惊奇地发现，我一个人都认不出来，一个都不认识。

这让我大吃一惊，也感到有些窘迫，我忽视了一个非常明显的事实，这使我感到十分惭愧。

成功和名气是截然不同的。

比如，作为作家，弗拉基米尔·纳博科夫（Vladimir Nabokov）无疑是一位成功人士。除了《洛丽塔》（*Lolita*）以外，他还创作了大量作品，多达成千上万页。但如果你问英语专业以外的人弗拉基米尔·纳博科夫是谁，对方很可能会茫然地盯着你看，或者顶多问你："是写那本关于恋童癖的书的人吗？"

众所周知，阿尔伯特·爱因斯坦是一位成功的物理学家，他的名气延伸到了科学领域之外，这是一项罕见的成就。在街上给任何人看他的照片，人们都会说："当然是爱因斯坦了！"但如果你问他们，爱因斯坦是因为什么出名的，就会听到犹豫不决、以问题的形式提供的答案："他是个天才，对吧？"

世界上还有很多个"纳博科夫"和"爱因斯坦"，他们通过自己优秀的能力表现取得成功，然后成功给他们带来社会认可，且远远延伸出他们的职业网络之外。一旦人们在自己的专业网络之外变得闻名遐迩，我们对他们本人的欣赏便会变得比他们未来的能力表现更加重要，这时我们就会给他们披上"名气"的外衣。名气是杰出成功中罕见的附加品。虽然《巴拉巴西成功定律》这本书的目的不是把名气放在显微镜下进行研究，但我们也不能忽略它。

尽管如此，思考一下那些在“名气”这一奇怪领域的人还是很有意思的。如果你想知道谁比耶稣更有名[7]（提示：不是甲壳虫乐队），可以搜索一下“万神殿项目”（Pantheon Project），这是由塞萨尔·伊达尔戈（César Hidalgo，我以前一个才华横溢的学生）创建的一个在线工具。伊达尔戈现在是麻省理工学院媒体实验室的教授，他曾说，真正著名的人在他们各自的领域外也相当知名。他没有像研究王牌飞行员的那些研究者那样，使用谷歌点击率来衡量某人的名气，而是以维基百科页面上呈现的语言种类作为衡量标准，或者更准确地说，一个人的维基百科页面使用了多少种语言，他就有多大的名气。若想被列入万神殿，一个人的名气必须跨越国家和语言障碍，必须在维基百科页面上出现至少 25 种语言。单单这一个要求就将名人的范围从所有的小名人或不太出名的人缩小到 11341 人——他们各有特色，魅力十足。

在这个网站上，你可以使用大量的检索条件来探索这些传奇人物。1644 年出生的最著名的人是谁？答案是日本俳句大师松尾芭蕉。巴塞罗那出生的最有名的人是谁？有 17 个人上榜，画家琼安·米罗（Joan Miró）位列第一。有史以来最著名的音乐家是谁？吉米·亨德里克斯（Jimi Hendrix）。世界上最著名的罪犯呢？查尔斯·曼森（Charles Manson）排名第三位，仅次于“开膛手杰克”（Jack）和连环杀人犯——我的特兰西瓦尼亚老乡伊丽莎白·巴托里（Elizabeth Báthory）。有史以来最著名的美国人是谁？不是乔治·华盛顿，也不是比尔·盖茨，而是马丁·路德·金（Martin Luther King, Jr）。

红色男爵是万神殿项目中排名第 44 位的最著名的军事人物，这并不令人感到惊奇。他同时也是出生于 1892 年的第 5 位最著名的人之一，以及出生于波兰的第 4 位最著名的人之一。他的维基百科页面有 43 种语言，吸引了超过 800 万次的浏览量，这就好像他的深红色双翼飞机违反了物理学法则，推动自己穿越时空一般。雷内·方克甚至都没有进入万神殿项目的排名，他被掩埋在了维基百科的“尘土”里，成了一位不为人知的英雄。

史上最著名的人是谁

史上最著名的人是谁？万神殿项目的结果表明，是亚里士多德。尽管没有红色男爵那么浮华，但他在许多不同的地区、语言和时代里居于很重要的地位。这也许不是巧合，作为一位有着不朽声誉的哲学伟人，他早已对自己几千年后的成功有所洞见："但这（声誉）[8]未免太肤浅了，因为声誉取决于授予者而不是接受者。"换句话说，获得声誉是一种不可靠的幸福，因为它依赖于给予者，而不是接受者。这是一种不错的对成功的定义的转述方式。

亚里士多德是万神殿项目排名中大多数做出了有意义和深远贡献的人的光辉榜样，他强化了"能力表现对不朽的成功至关重要"这一观点。在万神殿项目中还有 21 名比较特别的"名人"，他们是一群有趣的人。一些选美冠军、社会名流和女继承人也位列其中，这提醒我们，名气可能与我们所认为的成就甚至内涵毫无关系。

我们从经验中可以得知，杰出的成就也可能换不来成功的回报。那么，如果我们连成就都没有，又怎么能获得成功呢？这是一个一直困扰着我的问题，与我们从小就信奉的勤奋工作的精神背道而驰。

记住了这点，我们现在将进入这本书的核心，从一个重要的问题开始，即成功和能力表现是如何相互关联的?

THE FO

The Universal Laws of Success

巴拉巴西
成功第一定律

能力表现驱动成功，
但当能力表现无法被衡量时，
社会网络驱动成功。

The First Law: Performance drives success,
but when performance can't be measured,
networks drive success.

RMULA

+ =

能力表现驱动成功，但当能力表现无法被衡量时，社会网络驱动成功。当我们漫步于网球场，徜徉在美术馆时，就会明白，为什么不是我们就读的名校给我们带来成功，而是我们的成功为学校带来名望。更为重要的是，我们会逐渐认识到，造就我们成功的，往往是无形的社会网络。

02

大满贯
和
大学文凭

Grand Slams
and
College Diplomas

为什么勤奋努力
（有时）能获得成功

我和前妻一直都认为，我们是幸运的。我们的儿子丹尼尔是一个活泼可爱、机灵聪慧的小家伙，一直在健康地成长。在高中一年级的时候，他就学习了 4 门大学水平的课程，同时还帮助创建了校报，经常在深夜和周末的时候还在编写文章。他还是学校游泳队的成员。丹尼尔生性好奇，兴趣广泛，成绩总是很优秀，老师和同学都非常喜欢他。他看起来很快乐，我们也因此非常开心。

直到丹尼尔开始申请大学，我们才意识到，他前进的道路上有一个巨大的障碍，这个障碍就是他天真的、国外出生的父母。我们俩都是在欧洲接受的教育，他母亲是在瑞典，而我是在罗马尼亚，我们都相信成功的唯一标准就是“成绩”。只要在学校表现优异，你就能获得成功。我在罗马尼亚就读于一所精英高中，它的录取条件取决于学生 13 周岁必须通过的一次考试，其通过率仅有 30% 左右。在高中时期，我参加了另外一场残酷的考试，同班同学的数量一下子被淘汰缩减了一半。我的大学申请也取决于相似的因素——物理和数学的考试分数。我的课外活动、我在美术工作室为成为一名雕塑家付出的努力，甚至包括平时的成绩，或者在罗马尼亚一本重要的物理学杂志上发表的研究论文，这些东西都不重要。决定我命运的仅仅是分数所反映出来的“成绩”。我从来没有想过，美国的大学录取要求会有什么不同。

作为一位大学教师的儿子，丹尼尔一直把圣母大学当作他第二个家，以至于很多年以后，他一直希望能够回到那去。但在我们移居波士顿之后，他的世界一下子开阔了。他在麻省理工学院做暑期工作，又在哈佛大学度过了另一个夏天。当我带他游览了旧金山湾区之后，他又深深地迷恋上了斯坦福大学。由于他的各门课程分数都很高——他的 GPA（平均学分绩点）完全可以证明他的学术能力，我们相信，他要选择这些大学的任何一所，都会如愿以偿。

我们一直信心满满，直到我开始翻看他的申请材料时，才逐渐清楚这些学校的录取要求：反映自己独特生活经历的文章、任课教师的推荐信、与学校管理人员的面试、丰富的课外活动经历、因某一特长取得的一系列优异表现。出类拔萃的平时成绩和 SAT（学术能力评估测试）分数是必需的，但我们一再被告知这些可量化的部分与其他材料相比是次要的。看到这些，我的心沉了下去。尽管在美国几所重要大学的学院工作了 20 年，但对学生满足了什么样的条件才进入我的课堂的，我一无所知。为何像大学录取这样重要的程序会如此模糊和主观，如此不可预测呢？

这是我人生中第一次面对这样的问题：在一个能力表现缺乏明确度量的世界里，孩子如何做才能获得成功？若想找到答案，我们首先有必要研究能力表现能够单独测量的领域，比如竞技体育。我们从一个带有哈密顿函数文身的女人开始吧。

能力表现是成功的关键

当布尔库・于泽索（Burcu Yucesoy）来到我的研究所申请工作时，电影《龙文身的女孩》正在全世界热映。因此，无论去到哪里，我都会开始关注起人们的文身图案，而于泽索左臂上醒目的文身确实一下子吸引住了我。那是一个黑色的哈密顿函数的图案，她的博士研究工作与该函数有很大的关系，那是物理学中一个晦涩难懂的领域，她充满感情地形容说“难以伺候、反复无常、令人灰心丧气”。她在这个领域已经投入了很多年，是时候更换另一个研究领域了。除此以外，她的语言表达能力和科学研究能力都令人印象深刻，但我的注意力老是回到那个文身图案上，脑子里一直在想，真是一个科学迷！好，我喜欢！就这样，她被录用了。

在那次面试的几个月之后，于泽索最终加入了我的团队。当时我们已经开始探索科学领域里的成功是如何产生的。[1] 在认真开始这项工作之前，我们遇到了一个很大的问题：用于度量能力表现的数据难以获得，而能力表现似乎是成功的先决条件。

但不久以后，我在布达佩斯的邻居塔马斯・哈莫里（Tamás Hámori）告诉我，职业网球联合会储存大量的资料，他之前的职业就是一名网球运动员。他解释说，这些资料极其详细地记录了运动员的表现，对每一场职业比赛都有准确的记载，并基于比赛的结果对运动员打了分。[2] 比如，大满贯锦标赛的获胜者获得 2000 分，而在比赛的第二轮便被淘汰的选手只能获得 10 分。这些积分每周更新，决定了每位运动员的相对排名。就像第二次世界大战期间王牌飞行员击落的敌机数量一样，这些积分可以让我们极其精确地比较网球运动员之间的优劣。这正是我们需要的——一个可以明确测量能力表现的领域。这样一来，于泽索的任务似乎变得简单明了：用网球来揭示能力表现和成功之间的关系。

显然，在于泽索申请到我实验室工作的时候，她头脑中完全没有网球这个概念。实际上，她从未想到过任何运动项目，她只在伊斯坦布尔一个中学夏令营中打过网球，当地的报纸还刊登过她一张打球的照片：戴着眼镜的她，在大大的网球拍的映衬下，显得瘦弱娇小。

“我打得不太好，一直觉得网球拍上有一个洞。”于泽索笑着告诉我。她回忆起当年在网球场上，笨拙地来回吊着高球，球鞋上沾满了球场上的红色泥土，最后连脸上都染上了一道道红色。有关她在网球营地的报道文章，早已从她母亲家里的一个盒子里拿了出来，取而代之的是她后来获得的科研奖励和证书。

于泽索也许渴望从更有利于施展自己技能的角度重新审视这项运动。她接受了这一任务，并立即投入工作。不过复杂的情况很快就出现了：尽管已经有了接近完美的方法来测量运动员的能力表现，却没有“成功”的计量指标。依据我们新确定的基本前提：成功并不是涉及“你”和你的能力表现，而是涉及“我们”和我们的认知。因此，要是网球场上的获胜清清楚楚地反映出“成绩”的状况，那么，“成功”必定有其他含义，比如认可度和收入。

The Formula
The Universal Laws of Success

成功并不涉及
“你”和你的能力表现，
而涉及“我们”和我们的认知。

Success is not about you and your performance;
it’s about us and how we perceive it.

顶尖运动员通过赛场上的优异表现而获得巨大收益，这已不再是一个秘密，他们收入的绝大部分来自赞助。网球巨星罗杰·费德勒（Roger Federer）[3]一年的收入，仅通过各种品牌赞助，就能达到惊人的5800万美元。广告商看中了他庞大的球迷基础。这些额外收入与他日常的球场能力表现并无多少联系，只是反映了因他的胜负而产生并逐渐积累起来的“可见度”。[4]

于泽索希望找到公司管理层幕后决策的数据，正是它们决定了这些规模庞大的赞助。不过，她只能收集到大牌明星的信息，小型合同或者排名中间的运动员则找不到什么记录。于是她决定将关注点集中在促成这些赞助的首要因素——运动员的粉丝群上，因为这是决定赞助规模的催化剂。于泽索可以利用谷歌搞清楚有多少人真正关注某个运动员，就像我们对德国飞行员所做的研究一样。但是，由于网球运动员的名字不像汉斯－赫尔穆特·范·博德迪恩或者奥托·冯·布雷顿－兰登伯格这样独一无二，谷歌提供的结果往往难以解释。于是她又求助于维基百科，因为那里有海量的个人和专业信息。实际上，用谷歌搜索任何网球选手，都会看到他的维基百科。

对于维基百科编辑津津乐道的结婚、离婚以及球场外的趣闻逸事等无关信息，于泽索完全予以忽略。她深入网站内层，检视有关维基百科读者访问类型的数据资料，从而整理出有多少人在某一特定时期点击了某个人的维基百科，比如，罗杰·费德勒的维基百科。

通过使用维基百科的点击量来分析网球运动员的受欢迎程度，于泽索步入我们研究的真正目的上：确定技能和胜利是如何转化为我们所定义的“成功”的。她开始汇集2008—2015年每位网球选手成绩的详细时间表，记录他们所有的胜负场次，包括每一次比赛获得的积分。然后，她建立了一个综合这些成绩的预测公式，用于预测每一位网球选手基于胜负场次能获得的可见度。这个过程实在太耗费时间，用了两年时间才最终完成。[5]

但这是值得的。

于泽索在这些数字背后发现了一个规律：无论是顶尖的网球选手，比如罗杰・费德勒、诺瓦克・德约科维奇（Novak Djokovic）、安迪・穆雷（Andy Murray）、拉斐尔・纳达尔（Rafael Nadal），还是在巡回赛中崭露头角的新秀，她预测的运动员的可见度和真实的可见度之间存在惊人的一致性。[6] 于泽索发现，能力表现和成功之间的联系非常紧密，根据网球运动员在球场上某一时间的能力表现，于泽索能准确地预测出涌向该选手维基百科的浏览者人数。她还能够预测出能力表现不佳的选手的维基百科的低流量周期，以及选手因伤病状况带来的流量低谷值。同时，她还可以预测出人意料地击败著名选手的"黑马"所获得的关注度的巨大峰值。一旦她有了网球运动员能力表现的数据，就可以"预测"成功。

若想解释于泽索的研究结果，只有一种方式：网球运动的成功取决于唯一的因素——强大的运动能力。至少在球场上，"苦练才有回报"这一经典信条是千真万确的。能力表现驱动成功，但这仅是第一步。如果你是一位网球选手，那就需要全神贯注，让你的运动技能日臻完美。但并不只有运动才是这样，如果没有坚实的知识吸引委托人，你绝不会成为一位成功的律师；如果缺乏结构工程学的深厚基础和建筑设计的敏锐洞察力，你不可能成为一位声誉卓著的建筑师；同样，你的科技产品若想引起市场轰动，就不能有太多瑕疵。

于泽索的预测公式就像她胳膊上的文身一样，非常细致、精美。不过，我们的研究结果仍有一点儿令人失望，因为我们本来希望在显而易见的表象之下找到一些令人深思的见解。然而，我们的发现只是强化了成功最根本的前提：能力表现是成功的关键。值得欣喜的是，我们也在能力表现与成功间发现了一个令人激动的定量关系。但它有多令人激动呢？

最好的学校≠最好的教育

如果能从于泽索的发现中看到一丝慰藉，那就是它给我带来的希望——我的儿子丹尼尔能够在他心仪的大学就读。就如我所想象的那样，网球运动和罗马尼亚的学校体制非常相似，决定名次的唯一因素就是考试成绩。我一直持有这一信念，直到大学录取回执纷至沓来，信心被严酷的现实击碎。丹尼尔的首选学校斯坦福大学告知，不予录取，接着哈佛大学拒绝了他，加上来自布朗大学、芝加哥大学、宾夕法尼亚大学等一堆拒绝信，一个沉重的现实摆在眼前：我们不是在罗马尼亚。将“宝”完全押在成绩上本身就是一个错误的、令人伤心的策略，后来我竟然被打击到不敢问“刚送来的信里写了什么”。

幸运的是，也有一些好消息，丹尼尔拿到了圣母大学的录取通知书，这也是他最初梦寐以求的大学。我在那里从事教学工作 10 年，深知该校能够为儿子提供优质的教育。因此在这之后，每当信箱里又出现一封拒绝信时，我们就会相互安慰，丹尼尔仍然有一所杰出的学校保底。

再后来，我们又有了一个令人鼓舞的消息，尽管它为我们的选择增加了难度。我现在的雇主寄来了美国东北大学的录取通知书。

丹尼尔现在可以做选择了，但这并不是一项容易的选择。圣母大学随信寄来的还有不菲的学费清单，而东北大学不收一分学费。这主要得益于学校慷慨的福利待遇——教职工的子女如果在学业上符合录取条件，则可免缴学费。那么圣母大学有什么东北大学没有的优势，来证明学费的价值呢？

还好，我们有数据可供参考：精英大学的毕业生比起普通大学的同伴占有更多优势。[7] 一名常春藤盟校的毕业生在毕业 10 年后，平均年薪可达 7 万美元，而其他大学的毕业生的年薪仅有 4.3 万美元。这个差别在收入排行榜的顶端更加明显。位于年薪排行榜顶端 10% 的常春藤联盟学校毕业生，在毕业后的 10

年间，平均收入可达 20 万美元，甚至更高，而其他学校的毕业生顶多也就在 7 万美元左右。

当丹尼尔在 2012 年申请学校时，他希望自己的勤奋能有所回报。圣母大学在全美排名第 19 位，而东北大学仅排在第 69 位。

圣母大学是一所名校，几乎和常春藤盟校并驾齐驱，而东北大学可以免费入学。

当录取通知书接踵而至，许多父母和学生都会面临一个艰难的选择：我们是否应该把我们的未来押在能为孩子提供最好教育的学校上？这是一个非常感性的决定。但当得知有数据可以帮助我们进行最终决策时，我的想法完全改变了。我后来才发现，尽管两所大学在统计排名上存在明显差距，但放弃东北大学而选择圣母大学对我儿子未来的收入完全没有一丁点儿影响。即便是上了斯坦福大学或哈佛大学也不会有什么不同。能力表现、抱负和协作能力才是他未来成功的决定性因素。

学校并没有使你优秀，你自己本身就很优秀

波士顿拉丁（Boston Latin）高中是美国历史上的第一所高中，至今依然是波士顿教育体系皇冠上的一颗明珠，在全美高级中学的排名里位于第 20 位。这所高中虽然是一所公立学校，对学生却是精挑细选。就像我在罗马尼亚经历的那样，孩子必须经过考试才能进入这所学校。如果你的孩子达不到录取的分数线，有可能会被波士顿拉丁学院（Boston Latin Academy）录取。虽然这所学校与波士顿拉丁高中名称相似，但位居其次。如果波士顿拉丁学院都未能录取，那他还能上奥布莱特数理高级中学（O'Bryant High School of Math and Science），排在它们之后的就只有无须考试的公立学校了。

孩子以及他们的父母争先恐后地填报波士顿拉丁高中是有道理的：该校毕业生整体的SAT平均分数在马萨诸塞州排在前4位，上了这所学校，就相当于走上了直达美国一流大学的快车道。波士顿拉丁学院也相当不错，该校毕业生的平均分数在全州的排名位列前20%。奥布莱特数理高中毕业生的平均分数在全州的名次大概仅排在40%，但也比波士顿那些免试高中的平均分数高出了不少。如果你是居住在波士顿的孩子的父母，就会竭尽全力地让自己的孩子就读于一所需要参加考试的学校。如果孩子未能达到录取线，从表面上来看，他似乎是被送上了一条失败之路。

但情况真的是这样吗？

> 几年前，三位经济学家组成的研究团队也问了同样的问题。[8] 他们仔细地比较了刚好达到录取线的波士顿拉丁高中的学生和那些与分数线差之毫厘的学生。录取与未录取往往就取决于几分之差，这意味着录取分数线任何一边的学生，其最初的学术成绩和智力潜能实际上是难分伯仲的。不过他们之间有一个关键的差别：一些人非常幸运，在众人瞩目的名校里度过大学生涯；而另外一些人虽然几乎同样聪明，却不得不去别处。

我们会很自然地认为，一流学校的学生可以聆听到名师的教学，受到身边优秀同学的激励，到毕业时，学业成绩一定会更优异。除非他们并没有优异多少，哪怕是一点点儿。但是无论我们用什么标准衡量：PSAT（学术能力评估预试）、SAT，或者美国大学预修课程的考试分数，成功进入波士顿拉丁高中的毕业生和因几分之差而错失良机、最终进入波士顿拉丁学院的毕业生，在这些考试结果上没有什么差别。那些没能上波士顿拉丁学院，而最后就读于排名低很多的奥布莱特数理高中的学生，情况同样如此。他们和上了录取分数线，就读于波士顿拉丁学院的学生的表现同样棒。而那些参加了考试却未能达到奥布莱特高中最后的录取线、最终就读于免试公立中学的学生，情况又如何呢？同样，他们在毕业时与进入奥布莱特高中的毕业生表现得一样好。

我们必须搞清楚隐藏在其中的真相。我们已经确定，从整体上来看，波士顿拉丁高中的学生的确比就读于波士顿拉丁学院的学生表现更优秀。他们的SAT分数更高，对此没有人表示异议。但数据告诉我们的是，无论父母如何想，老师如何暗示，校长如何强调，这一差别的产生不是因为学校提升了学生的成绩，而是因为这些高才生继续保持了优秀，无论学校提供什么样的教育。由于最初的入学考试筛选出来的都是尖子生，波士顿拉丁高中的毕业生才具有超高的整体SAT分数。这些学生只是将自己优秀的才能延续到高中毕业。换句话说，波士顿拉丁高中并没有使你的子女变得更加优秀，而是你的子女将这所高中造就成了波士顿的一所名校。

这里传递出来的信息是非常清楚的：**学校本身并不重要，重要的是学生自己**。这并非要针对波士顿的教育体制，我们得出的结论适用于所有高中体系，这是有数据支撑的。研究人员在纽约、罗马尼亚、匈牙利等地都发现了相同的结果，[9] 在这些地方，我年龄小一点儿的几个孩子上过5年中学。这些研究结果暗示，我们将丹尼尔送往东北大学或者圣母大学，实际上是无关紧要的。一旦他毕业了，决定他成功的是他的能力表现，而非他就读的学校。

但是我真的能用高中的数据来指导我儿子选择大学吗？

我并不需要这么做，因为有两位普林斯顿大学的经济学家花了很大功夫，找出了决定毕业生长远成功的影响因素。[10] 他们首先比较了那些申请精英大学，但后来因种种原因就读于低一个档次的大学的学生。还记得之前提到的统计数据吗？常春藤联盟学校的学生在毕业10年之后，年薪的中位数在7万美元左右，是非常春藤联盟学校毕业生的两倍。但是，出乎研究人员意料之外的是，那些拒绝了常春藤联盟学校，而选择了非常春藤联盟学校的毕业生所挣的年薪与前者的毕业生不相上下。换句话说，如果一个学生被普林斯顿大学录取了，但后来又决定选择东北大学，他仍然具有普林斯顿大学毕业生的挣钱能力。一切都如同波士顿拉丁高中呈现的那样：学校并没有使你优秀，你自己本身就足够优秀！

学校并没有使你优秀，你自己本身就足够优秀！

The school doesn't make you great; you are great to begin with!

于泽索关于网球运动员的发现表明了一个朴素的道理：能力表现驱动成功。大学生可测量的成绩以其申请大学时的SAT分数和班级排名呈现出来，这些会决定他未来的成功。

但当研究人员关注那些未能被常春藤联盟学校录取的学生时，普林斯顿大学的研究中最不可预知的结论出现了。在诸如SAT分数和高中班级排名等所有衡量能力表现的指标中，决定学生毕业10年之后收入的关键因素不是他们所上的大学。长远成功的唯一决定因素是，你的孩子所申请的最好大学，即使他并没有被录取。也就是说，如果有位学生申请了哈佛大学，但被拒绝了，转而上了东北大学，那他的成功与和他的SAT分数以及高中成绩相近的哈佛大学毕业生不相上下。换句话说，决定你子女成功的是能力表现和抱负，即她认为自己能够达到的目标。

为了谨慎起见，有些事情我得说明一下：为了让你的孩子在未来能挣大钱，就强迫他申请哈佛大学，显然这是有违初衷的，一个人的志向毕竟是天生的。信心和自信在赢得成功的过程中起着关键作用，虽然这个结论明确无误，但它还得与杰出的能力表现相匹配。

我也不是说上精英大学不会给你带来巨大的好处。[11] 数据显示，非裔美国人、拉美裔以及其他比较弱势的社会文化族群，包括第一代移民大学生，能上这些学校都会受益匪浅。

但如果你错失了这些精英学校，比如你像丹尼尔一样，成绩优异，出身于受过高等教育的中产阶级家庭，尽管父母有些天真，你的前程还是大有希望的。虽然你可能没有受到相关权威机构的关注和重视，但你拥有远大的抱负以及实现这些抱负的能力。

当能力表现失效，我们如何度量成功

最终，丹尼尔上了圣母大学。

你可能察觉到一丝矛盾。作为一个精通数字的家伙，为什么我会对那一大笔学费置之不理呢？因为在 2012 年，我还没有接触到可以帮助我做出决定的那些数据。同时，我也没有料到东北大学在全美的排名一下子提升了一倍，接近圣母大学。但是，正如我们在这一章里列举的数据所清楚表明的那样，位居前列的大学排名与学生自身的能力相比，前者对学生未来的影响相形见绌。这是一个很有说服力的论据，抱负和成就能够打消我们的臆测，让竞争变得更加公平。一方面，于泽索关于网球运动的成功案例的研究明确地证实了，网球教练激励运动员的励志语言是没问题的，成功完全取决于能力表现；而另一方面，我儿子上大学的经历也曾经深深地困扰了我。这里涉及两个特殊的领域——网球和学校的成绩，在那里，能力表现都是可以测量的，对于优异的构成没有任何可争论的地方。在这两个领域，长远的成功无可争辩地与基于能力表现的排名保持一致。

这使我们倾向于做出一个带有普遍性的结论：卓越的能力表现总会带来成

功。然而，如果这一结论是正确的，那么我们必须能够对能力表现做出测量。SAT 分数和网球排名提供了测量手段，但是在多数领域，我们几乎不可能获得如此精准的评价指标。不必找远处的例子，看看像足球这样的集体运动，[12] 你就会发现这个任务有多么困难。我们很容易得知一位运动员在赛场上有多少次射门和助攻，但很难将他与队友的能力表现做一个科学的分析和比较。事实上，我们最近就遇到了这样的问题。我们试图分析在意大利足球联赛中[13]，评委给每一位球员的赛后打分。这些评委由三家不同的意大利报社雇用，来审查球场上每一位球员的表现。一位评委给其中一位球员打了高分，而其他评委则认为球员的能力表现很糟糕，这种情况占了整体的 1/5。但更进一步的分析表明，评委并不清楚大多数球员的表现究竟如何。比如，对防守球员的评价，就建立在球队的整体表现、进球数以及净胜球的基础上。评委在评价每一位球员时，防守球员在整整 90 分钟时间的比赛里，做出的数百次动作和判断——阻截、成功防守对方的过人、协防以及头球争顶等，并没有在他们的记忆中留下任何印象。这些评委以及我们所有其他人，似乎都忘了输掉比赛的一方中出色的运动员可能也有射门得分，只是最终未能赢得比赛，或者他的队友未能创造助攻机会，使他的进球数很少。如果他是明星球员，身处一流球队，我们也很难去判断，球队的胜利是以他一人之力独挽狂澜，还是依靠整个集体的拼搏。将他从一个强队换到一个弱队，这位球员的能力表现也会变弱。动员全队之力而赢得比赛是一个复杂的挑战。比起一对一的运动来说，在一个团体中测量并奖励每一位队员的能力表现，毫无疑问更加复杂，就如同我们下文将要了解到的那样。

最后的结论就是：虽然在运动项目中，胜利和失败能够被清楚地界定，但要对运动员的能力表现一一测评，仍是一种挑战。那么，当我们缺乏界定高分和低分的精确手段时，是什么决定了最后的胜负呢？

若想找到答案，请进入下一章，我们将研究另一个领域，在那里，能力表现是没有办法度量的。

此外，我们还可以看到网络起到的关键作用。

03

200 万美元的小便斗

The $2 Million Urinal

勤奋工作
为何不能奏效

“SAMO 拯救了白痴和傻子。”有人在曼哈顿一条小巷的门上用大写字母这样写道。这无疑是一条怪异的涂鸦，不过在 1977 年还有不少想象力丰富但又不无讽刺的标语突然出现在城市的各个街头，与这条涂鸦并无异同。

“SAMO 是免责条款。”有人如是说。

“SAMO 是表现艺术的末日。”有人这样宣称。

“SAMO 不会使实验室的动物罹患癌症。”还有人这样说道。

随后，在 1979 年出现了最后的简明断言：“SAMO 已死。”

是的，SAMO 确实死了，但仅仅以艺术合作通常终结的方式——两个协作共事的人最后分道扬镳而终结。SAMO 背后的两位艺术家较为知名的是阿尔・迪亚兹（Al Diaz）。[1] 尽管当时他还年轻，但在涂鸦艺术上已经取得很多不俗的成就。就在三年前，他的作品还在诺曼・梅勒（Norman Mailer）所著的有关涂鸦艺术的书中被介绍过。这种声名远播是默默无闻的涂鸦艺术家梦寐以求的。迪亚兹一般独自创作，有时也会和一位朋友搭档，合作完成的作品有一个独一无二、充满青春少年叛逆意味的标识。他们将吸食的大麻取名为“the same old shit”（同样的臭狗屎），并简化为“same old”，最终缩略为“SAMO”。打着这个名号，他们用手中的颜料罐转战街头，给整座城市留下胡写乱画的涂鸦，以表达自己的思想。随后，他们之间产生了分歧。

在科学研究中，我们喜欢对照，对照可以帮助我们，比如，测量在起跑线上相似的两个个体如何随着时间的推移而变得不同。我们对许多诸如天性和培养、基因和环境等问题最深刻的理解都是通过这样的“孪生子”对比，追踪具有完全相同基因构造的兄弟姊妹的生活而获得的。事实上，前文的学术“孪生子”——就读于名校的学生和他们没那么幸运的同伴，就帮助我们分析了学校在我们成功之路上起到的作用。SAMO 为艺术界的“孪生子研究”提供了一种环境。两个学生年龄相同、出自同样的环境、从事几乎密不可分的艺术，然后一下子决裂开来，分道扬镳。之后会发生了什么呢？

迪亚兹现在仍然是纽约艺术舞台上的活跃者，但如果你从未听说过此人，那也不足为奇。他最大的声誉来自 SAMO 组合，但自从他的搭档在 40 年前走上街头独自创作，这一组合便分崩离析了。

迪亚兹的搭档早已逝去，在 27 岁时死于吸毒过量，但他的艺术却是不朽的。就在“SAMO 已死”的断言充斥纽约苏豪区的两年之后，迪亚兹的搭档用喷射涂料和油画颜料创作了一幅无名的大尺寸骷髅画作。[2] 后来，这幅画以破纪录的 1.15 亿美元的价格卖出，这幅画作的作者名叫让－米歇尔・巴斯奎特（Jean-Michel Basquiat）。

从成功的角度来看，巴斯奎特和迪亚兹就是两个在最初具有相同经历而最终结局完全不同的显著范例。他们的创作生涯在同一时间、同一地点开始，作品最初都极其相似，难以区分。但之后迪亚兹的艺术创作逐渐变得晦涩难懂，而巴斯奎特在生前引起轰动，死后亦获得无以复加的成功。

那我们如何解释迪亚兹和巴斯奎特完全不同的发展轨迹呢？

他们的本质区别就在于：迪亚兹是独行侠，而巴斯奎特则是一位地地道道的“网络中人”。这一点即使是在他们青春年少时组合 SAMO 的时期也显露无遗，那时迪亚兹坚持保密他们的合作身份，而巴斯奎特呢？他则将他们合作的信息透露给《村之声》（*Village Voice*）报社，挣了 100 美元。

这种差异是由性格造成的。[3] 巴斯奎特将自己在艺术界的关系整合起来，就像精心组织的艺术馆展览会。在他还是一个少不更事的 12 岁孩子的时候，就知道和安迪·沃霍尔（Andy Warhol）① 套近乎，甜言蜜语地劝说他买下自己在街上兜售的手绘明信片，而那时沃霍尔是纽约艺术界的头号掌门人。巴斯奎特利用这次交易与沃霍尔建立了关系，并在他的整个余生中保持了这层关系。尽管巴斯奎特并不是视觉艺术学校的学生，但经常在学校周围游荡，最终与凯斯·哈林（Keith Haring）② 认识，并彼此经常约见。要知道，哈林那时的名声在艺术学校中如日中天。巴斯奎特还和有线电视节目《电视派对》（*TV Party*）的制作人交上了朋友，从而有机会在电视上露面，这对提升他在当地的知名度起到了不小的作用。

也许最为重要的是巴斯奎特结识了人脉丰富的纽约东村（East Village）③ 艺术家迪戈·科尔特斯（Diego Cortez）。正是科尔特斯将巴斯奎特带入一档电视节目，

---

① 美国知名艺术家、印刷家、电影摄影师，视觉艺术运动波普艺术的开创者之一。他的许多作品都有很高的收藏价值，甚至有一幅画被拍出了 1.05 亿美元的价格。安迪 · 沃霍尔具有代表性的浓汤罐头拼画会在后面一章提到。——译者注

② 美国新波普艺术家，活跃于 20 世纪 80 年代。——译者注

③ 东村是纽约曼哈顿岛东部的一块区域，19 世纪 60 年代，许多艺术家、音乐家、嬉皮士来此居住。它被认为是许多艺术运动，比如朋克摇滚的发源地和历史故乡。——译者注

并在节目中展示了他的 20 多幅绘画作品。他的这些画作与罗伯特·马普尔索普（Robert Mapplethorpe）、哈林以及沃霍尔的作品并列展示，引起了纽约一些最负盛名的交易商的注意。在电视节目播放后的第二天，太阳刚刚露脸，巴斯奎特便风风火火地跑回他父亲在布鲁克林的家中，大声喊道："老爸，我成功了！"他真的成功了。当晚他在节目上展示的一些画作以 2.5 万美元售出，这个数字在 20 世纪 80 年代初是很大的一笔钱了。通过精心、努力地建立一系列有价值的关系，巴斯奎特在两年不到的时间里，从一个浪迹在外的少年一下子跃升到顶尖艺术家的行列，而以前的同伴迪亚兹，则继续着他不为人知的街头艺术。

巴斯奎特的成功得益于他对艺术的热情和追求，同时也得益于英年早逝。但最令人意想不到的是，他的成功与他优秀的艺术才能之间几乎没有多大联系。事实上，他的艺术造诣与迪亚兹的不分上下，两人的作品也极其相似，难分伯仲。就算那幅 1982 创作的画作《无题》也与它的内在品质没有多大关系，这幅画作的主题是一个在深邃、色彩艳丽的背景中用黑色的喷射颜料涂抹出的骷髅，其拍卖出的价格是美国艺术家作品中迄今为止最高的。

事实上，没有任何人能够仅凭艺术本身就评定一部杰出作品的价格或价值，我们还必须考虑到博物馆馆长、艺术史学家、艺术馆馆主、交易商、代理商、拍卖行，以及收藏家之间的无形网络。正是这些网络决定了哪些作品可以进入博物馆，以及我们愿意为它们开出的价格。这些网络不但决定了博物馆的墙上悬挂什么样的作品，甚至还决定了什么样的作品才会让我们愿意排着队去欣赏。

因此，我们来到了这本有关"成功"的论著不可回避的主题上：既然成功是一种集体现象，由人们对某一能力表现做出何种反应而确定，那么如果我们不观察这一能力表现所处的网络，就不可能对成功这一现象有很好的理解。像艺术这样的领域，网络更有其独特的重要性，因为艺术的能力表现和品质很难量化。事实上，相互交织的关系网在决定艺术成功中的作用，就连我这个网络科学家都感到惊叹。那么网络是如何"表演"这场预言魔术的呢？我们又如何从没有价值的东西里面创造出有价值的东西呢？

《喷泉》与《蒙娜丽莎》

1917 年，马塞尔·杜尚走进纽约市的一家厨卫配件商店，在一排卫浴配件中挑选了一个具有贝德福郡风格的小便斗。他带着这件寻获的发着微光的瓷制小便斗回到工作室，将其倒置，签上“R. Mutt”字样，取名为《喷泉》[4]，一件艺术品由此诞生。这件艺术品脱离平常所处的环境，以一种特殊的视角展示出来，便具有了一种怪诞的美。但美学并不是我们这里要关注的要点。杜尚将这件签了名的小便斗提交给独立艺术家协会展出，他本人也是该协会的创建人和董事。这家协会很具有前瞻性，对外宣称的目标就是：避免自以为是的博物馆对展品的精挑细选或吹毛求疵。策展人都担保，对于任何一件想要展出的作品，只要人们付上一笔小小的会员费，展会都可接受。而且，展会是同类规格中最大型的，并且毫无偏好性，大牌与龙套的作品都在同一场地展示。

然而，即使是独立艺术家协会中思想极其开放的策展人也难以接受《喷泉》这件作品。这不仅是因为杜尚匿名提交的是一件实用性的成品物件，将它看作艺术品在当时是闻所未闻的，而且他还选择了难登大雅之堂的小便斗。独立艺术家协会退缩了，拒绝陈列这件展品。就这样，《喷泉》遭遇到了不受欢迎的结局，只有艾尔弗雷德·斯蒂格利兹（Alfred Stieglitz）拍摄的唯一一张照片留存了下来。估计这个小便斗也被扔进 20 世纪早期的垃圾堆里了，湮没在逝去岁月里被遗弃的林林总总的废品中。

然而，杜尚想要表达的观点却被“保留”至今。这件展品就像晃动在你眼前的一种挑衅，动摇了艺术界最根本的思想基础。今天，许多艺术史学家认为，《喷泉》是现代艺术无与伦比的重要作品。如果想要知道它有多重要的话，可以看看希腊收藏家迪米特里·达斯卡罗普劳斯（Dimitri Daskalopoulos）的举动[5]，他在 1997 年花费了差不多 200 万美元，买的还不是被扔掉的原件，只是杜尚的交易商在后来 50 年中陆续卖出的 17 件复制品中的一件。达斯卡罗普劳斯曾说：“在我看来，它代表了当代艺术的起源。”

我赞同这位收藏家的观点。你可以认为《喷泉》是一个一本正经的恶作剧，或是与严肃艺术毫不相干的创作，或者二者皆是；它也可能就是一个普普通通的、由工厂生产的小便斗，除此之外，什么也不是。这个物件之所以成为艺术品，并不是因为它是手工制作的，或者在美学上赏心悦目，而是因为它蕴含了一种思想。有句老话说，"彼之砒霜，吾之蜜糖"，或者"情人眼里出西施"，而杜尚是对这种思想做出公开回应的首位艺术家。他深刻地意识到，无论博物馆或者美术馆有多么高大宏伟、富丽堂皇，艺术品都是渺小、独立的，各自都有一套逐渐发展的价值标准。小便斗在厕所里可能仅仅是一个物件，但当它配有标签和艺术家的签名，与万众瞩目的杰出作品比肩陈列于美术馆时，一件普通的物品便充满了超乎寻常的意义。对价值的评估，背景条件至关重要。

《喷泉》表明：在品质和能力表现出现内在缺失的领域里，若想理解成功，会有多么困难。我本人也是一位艺术收藏者，在表达相关观点时十分注意自己的措辞，但我确实想说，艺术是没有品质的。我绝非是想贬低艺术。在旅行中，每到一地，我都会抽出时间去参观当地的现代艺术博物馆，在美术馆驻足流连，但也会被当中一些展品高不可攀的价格震惊，特别是想到它们的价格并没有反映它们的内在品质时。事实很简单，我们没有办法去客观地判断任何艺术作品的价值或者艺术创作者的能力表现。因此，所有艺术形式——诗歌、雕塑、小说，甚至是拙劣的舞蹈表演，从本质上来说都是无价的。那么我们如何解释巴斯奎特的《无题》，以及最近数十年动辄就要价高达百万美元的其他艺术品呢？[6]

若想回答这个问题，我们首先看一看伦勃朗·哈尔曼松·凡·莱因的画作《戴金盔的男子》。直到20世纪80年代中期，这幅画作还吸引着成群的艺术欣赏者来到柏林博物馆，馆外的小贩兜售着印有这幅画的明信片，画中是一个似乎在沉思的男人，头戴闪闪发亮、用羽毛装饰的金盔，他的眼睛注视着下方，好像在思考什么。这幅画是柏林博物馆最受欢迎的艺术作品，它的美是毋庸置疑的。但是，当学者宣布《戴金盔的男子》的作者纯属张冠李戴，真正的作者并不是伦勃朗，而是与伦勃朗同时期的一位不为人知的荷兰艺术家时，前来参观的人就变得寥寥无几了。但这幅画没有任何变化，头戴金盔的男子在画布上依然栩栩如生，他的双眼永恒地斜视着下方。但就在一夜之间，人们对它的兴趣消失了，其价值也开始断崖式下跌。[7] 没有几个人还记得，自己当初蜂拥而至，一睹为快，究竟是为了什么。

不过，也有相反的情况发生。2017 年，达·芬奇所作的一幅耶稣基督的画作（归于他名下的约 20 幅画作中的一幅）以破纪录的 4.5 亿美元售出。[8] 这幅画上一次更换持有人是在 2005 年，一位艺术交易商的合伙人以不到 1 万美元的价格买下了它。如何解释这幅画的价格堪比珠穆朗玛峰似的飙升呢？原来在 2005 年之前，这幅画被认为是达·芬奇的一个弟子所作，而不是出自大师本人。无论非凡与否，画还是那幅画，变的只是背景条件而已。

即使是享誉世界的名画《蒙娜丽莎》，这件历史上知名度最高的单件艺术品，也在路易十五时期于一间卑微的办公室的墙壁上度过了一段暗淡的时光，在那里向皇家宫殿的主人发出忸怩的微笑。翻开任何一本艺术史书籍，你都可以在书中找到这幅作品统治整个艺术界的充分理由：画中人神秘的微笑、达·芬奇采用的独特技巧、充满活力的构图。但事实上，一直到 20 世纪前，《蒙娜丽莎》只是卢浮宫许许多多珍贵画作中普普通通的一幅而已。直到 1911 年，这幅画在光天化日之下被盗，继而引起对盗贼的国际追捕，它的名字这才家喻户晓。[9] 当时，这项偷盗事件演变为一场世界范围的侦探闹剧，在全球诸如纽约、巴黎、罗马等主要城市上演，情节像虚构小说一样光怪离奇，毕加索甚至因此被当作同谋蒙冤被捕。《蒙娜丽莎》失踪那两年发生的戏剧性故事，正是使这幅画变得价值连城的幕后推手。假如现在拍卖这幅画，它的价格据估算会达到前所未有的 15 亿美元。如果艺术没有内在的价值，那价格标签上的这 15 亿美元是从何而来的呢？答案是：网络。艺术世界是对“成功第一定律”的最好诠释：

> 能力表现驱动成功，但当能力表现无法被衡量时，社会网络驱动成功。

正如我们在前文看到的那样，如果我们有计量指标可供使用，比如网球场上或商业季度报表里的相关数据，那么能力表现会驱动成功。当职业高尔夫球手和业余球手一起比赛时，我们很容易就能看出他们的差别。我们在金钱上和名誉上以非均等的方式对优秀的选手予以奖励，以体现他们的差别。但是，如果我们将一幅现代艺术作品挂在小孩用手指胡乱涂抹的一幅图画旁边，心直口快的叔叔伯伯可能都会说，这两幅画看起来完全一模一样。他们的判断虽然不准确，但也确实反映了一个要点：确定哪件作品更好，有时候是一个非常微妙的命题。不过，我们可以从背景条件中获得线索，做出有根据的判断。比如有两幅画，一幅是粘在厨房冰箱上，另一幅悬挂在美术馆的墙上；或者一幅展示在小城镇的美术馆里，另一幅展示在纽约现代艺术博物馆中；抑或一幅卖 50 美元，另一幅卖 500 万美元。“杜尚们”的真实案例告诉我们：这些线索影响着我们的感知，建构着我们的理解，并最终确定作品的市场价格。就像我们在后文将要看到的那样，它们同样也由网络塑造。

成功本质上是一个回馈环

过去 20 年，我一直在撰文论证，网络在从遗传学到商业学的各个领域中发挥的作用，但直到最近，研究才涉及艺术领域。这是因为艺术世界就像瑞士银行系统一样，遮遮掩掩、神神秘秘。对于某一特定作品为何会落户于某家大型博物馆，或在拍卖会上卖出令人惊讶的高价，即便是艺术界的业内人士也只略懂一二，尽管他们的职责就是帮助特定的艺术家走向成功。

幸运的是，数据就像阿拉伯传说中的神怪一样，不会永远被困在宝瓶中。有一次，当我和美国西北大学网络科学研究所年轻的研究员克里斯·里德尔（Chris Riedl）以及他的博士后山姆·弗雷伯格（Sam Fraiberger）会面时，我本想进一步了解里德尔在 T 恤销售方面的研究。但在讨论快要结束的时候，弗雷伯格提到他有途径可以获得有关艺术领域的海量数据，我的耳朵一下子就竖了起来。

从高中起，我就一直痴情于艺术。那时，我的理想是成为一名雕塑家。拉扎尔城堡是文艺复兴时期的一座迷人的古迹，坐落于罗马尼亚的喀尔巴阡山脉之中，我 14 岁时在那里为一名艺术家当助手，工作了一个月。我一直希望能借助网络和大数据去探索艺术。现在按弗雷伯格的说法，数据就在那儿，而且是真正的大数据，囊括了 1980—2016 年全世界约 50 万名艺术家的创作经历。数据还包含了 14000 多家美术馆、近 8000 家博物馆在 35 年内举办的上万次展览的详细资料，以及同一时期在拍卖行售出的近 300 万件艺术品的信息。给我们提供这些数据的是居住在纽约的德籍艺术史学家马格努斯·雷施（Magnus Resch）。他发布了 Magnus 手机应用程序，帮助艺术爱好者认识美术馆和博物馆的艺术品，并为它们定价。

> Magnus 中的数据使我们能够随机选择一位艺术家，观察他的整个艺术生涯。比如，我对马克·格罗蒂扬（Mark Grotjahn）[10] 感到好奇，他是一位抽象派的画家，最近因为在艺术界做了一件不同寻常的事而上了《纽约时报》。他抛开交易商，对自己的作品自主定价，将职业发展的主动权掌控在自己手里。虽然这是一个禁忌，但至少在他这个个案中极为成功。利用“Magnus”应用程序中的数据，我可以单独浏览格罗蒂扬的信息，查看他的策略引发的作品价格的飙升。格罗蒂扬在他第二次个人画展上只卖出了一幅画，价格低至 1750 美元，而他的首次个人画展一幅都未卖出。2005 年前后，他开始加大展出的力度，由此提高了销售量。迄今为止，他单件作品的最高售价是 2017 年在纽约佳士得拍卖行拍出的，达到近 1700 万美元。如果你对格罗蒂扬感兴趣，并且对他作品的价格感到好奇，这些信息对你会有所帮助。但如果我们想了解格罗蒂扬是如何达到现在的地位的，就需要回头观察他个人的职业发展轨迹，审视与他的成功紧密相关的无形网络。事实上，网络并不特别针对格罗蒂扬，所有艺术家的成功都依赖于它。

实际上，各种各样的关联决定了艺术界对单件作品的定价。艺术家从所依附的特定美术馆和博物馆获得名望，反过来，这些馆所的声誉也产生于它们所代表的艺术家和展览的艺术作品显现的重要性。[11] 换句话说，艺术家和展览馆之间存在一个共生关系，这种关系完全基于双方的相互信任。艺术家所希望的是，他们的作品能在享有盛誉的美术馆里展示，而美术馆的成败则取决于能吸引多少颇负盛名的艺术家。这意味着艺术界的名望是有价值的，但其价值也是主观的，是由有形和无形的影响、无数的且往往相互冲突的利益以及大笔大笔的金钱共同决定的。

马格努斯的数据给我们提供了一种途径，使我们可以观察和分析对艺术产生影响的上百万起隐性交易（tacit transactions）。通过重建这 50 万名艺术家的展览经历，我们可以揭示网络是如何让他们进入自己梦寐以求的美术馆中的。我们通过绘制那些看不见的连边达到这一目的，这些连边反映着艺术家在美术馆和博物馆之间的流动。比如，一位艺术家在博物馆 A 展出后，又去了美术馆 B 参展，那么博物馆 A 和美术馆 B 这两个馆就被连接起来了。

为什么对展览馆建立连边是一种很有意义的方法？这是因为交易商在关注这些展览馆时会相互比较，从而确定他们的决策。如果某一家美术馆发现某一位艺术家被另外一些展览馆收展了，而这些馆所的鉴赏能力又得到了该馆的信任，那它就极有可能会接纳这位艺术家。因此你的艺术品从 A 流动到 B 并不仅仅是一场交易，在这之前，美术馆和交易商已经做了大量的研究、思考和评估。

我们的辛劳带来的成果是，绘制了一幅可以显示艺术品在全世界流动的图。[12] 图上有一些主要的枢纽节点，代表与大量其他展览馆有关联的少数美术馆。网络的枢纽无一例外都是艺术界最有影响力的美术馆和博物馆，比如纽约现代艺术博物馆、古根海姆美术馆以及纽约高古轩画廊，紧随其后的是佩斯美术馆、大都会艺术博物馆、芝加哥艺术学院和华盛顿特区的国家艺术博物馆。这些都是美国的艺术展览馆，它们与欧洲的展览机构有着密集的连接，比如泰特美术馆、蓬皮杜艺术中心和索菲亚王后艺术博物馆。

如果你的作品在上述馆所中的其中一家展出，那你就如同跨上了成功的旋转木马，可以轻而易举地辗转于其他重要的展览馆，你的作品就会注定畅销，价格会直线上升。这些枢纽节点就是艺术成功的导管，通过在主要的美术馆或博物馆展示，你在艺术界成为超级明星就指日可待了。

然而，当我们仔细观察艺术家通往成功的道路时，发现只有少数最为杰出的艺术馆所，可以将艺术家的艺术生涯提升到超级明星的地位。大多数美术馆和博物馆只是存在于紧密连接的小社团中，于内部频繁连接，但很少和网络中其他的馆所建立连边。如果你是一位艺术家，与这些“孤岛”美术馆当中的一家合作，那么另外一家也会为你敞开大门，这样你就能很容易地进入这个岛上所有的美术馆。但是你会被困在岛上，因为它们没有能力将你传送到大陆上，而真正的重头戏是在那上演。

看到这张图中通往成功的路径是如此之少，我感到非常震惊。我一边检视这些结果，一边想到许多富有才华、在孤立的东欧艺术展览馆出展作品的朋友们，突然明白，在一个排他的、缺乏包容的行业里，他们是多么孤立无援。

看到网络中枢纽节点所在的位置，你会禁不住得出这样一个结论：如果你想获得成功，只需要迁居到纽约、伦敦，或者巴黎就可以了。不过有趣的是，我们的网络图显示，成功凭靠的并不仅仅是地理位置。那些大名鼎鼎的展览馆主要在圈子内部交流，无论它们之间的距离有多远。出人意料的是，小型展览馆虽然距纽约现代艺术博物馆，或者高古轩画廊近在咫尺，却不在它们的圈子里。如果你在主要展览馆的圈子之外开始艺术生涯，就会发现，你最后还是会回到与你出发时相同的小型艺术展览馆。即使展出你作品的美术馆就在古根海姆博物馆隔壁，能够引导你步入星光闪烁的大牌馆所之路却莫名其妙地难以寻觅。

有一段时间，安迪·沃霍尔曾是世界上销售额最高的艺术家，他是第一个明白这个道理的：“作为一名艺术家，你若想获得成功，就必须设法将自己的作品在优秀的美术馆展示。迪奥从不在伍尔沃斯公司（美国早期的廉价品商店）的柜台上出售它的正品，道理和这一样。”[13] 对于成功，**艺术界有一个共生关系。**正如我们所见的一样，成功本质上是一个回馈环，美术馆通过收展名家的作品为自己赢得声誉，而艺术大家又通过在著名美术馆展出作品而获得名望。一切都是套路，不是吗?

一旦你成功了，所有与你的成功有关的利益方都会竭力让你的成功延续下去，这是艺术界肮脏而又公开的秘密。如果一位艺术家花了 100 万美元买下一幅作品，那么这幅作品至少要保持这个价格或者继续升值，才符合这位收藏家和作品的作者，以及展出这件作品的美术馆的利益。美术馆没有收藏家就不能生存，博物馆也是如此。收藏家往往是董事会成员，他们向展览馆捐赠重要的收藏品，通过个人的收藏品来与艺术家接触。收藏家也会影响收藏界的同行。如果你是一位艺术家，你的作品上了拍卖行进行拍卖，如果卖不出去，美术馆和收藏你作品的人会将它买回，甚至不惜与其他买家竞拍，以使最终价格达到他们的预期。但如果没有人有兴趣购买你的作品，那会怎么样呢？按照一般的经济规律，美术馆会对你的作品降价，希望以此补偿部分损失。

The Formula

The Universal Laws of Success

一旦你成功了，
所有与你的成功有关的利益方
都会竭力让你的成功延续下去。

Once you’ve made it, it’s in everyone’s interest to keep you “made”.

但艺术界绝不会这样。你从来不会在美术馆的窗口见到“7 折促销”的标牌，也不会在展柜橱窗上看到“清仓大甩卖”的提示，美术馆只会固执己见地将展品标上卖不出去的价格。将价格推高是为经营和利润而设的计谋，这种做法能够成功，是因为没有任何工具可以计量某一件特定展品的内在品质，没有任何客观方法可以测定某一件展品的内在价值。即使皇帝的新衣也不乏吹捧，将才华、创造性、美学忘到九霄云外去吧。当内行人忘掉《戴金盔的男子》以及画中男子那双向下凝视的漂亮眼睛时，他们也就同时忘掉了曾属于他的那些美好的形容词了。艺术的价值存在于网络中，没有网络，无论《蒙娜丽莎》，还是巴斯奎特的《无题》，都如同旧货市场上的普通售卖品。

艺术界虽然缺乏计量能力表现的指标，但不缺乏秩序。艺术市场规律的表征研究实际上大有可为，在项目之初我都没想到有此可能。我们可以像算命先生一样，预测任何一位艺术家的命运，看他会向网络的边缘进发还是中心。一位艺术家将来会在什么地方参展的规律给我们提供了极佳的预测手段。如果用他最早的5件展品作为输入，我们可以预测出他未来几十年的发展轨迹。在我们的模拟实验中，就像在真实数据里一样，杰出艺术家持续在声名显赫的美术馆参展，而那些在网络边缘起步的艺术家，成功往往局限于本地，增值之路漫长而艰难。

为什么我们的预测如此有效呢？准确地说，就是因为艺术品的价值是不可预测的。既然没有任何方法能够确定一件艺术品真正优于另一件艺术品，那就让网络来确立它的价值。在某种方式上，这反映了前文里提及的前提：成功不取决于你和你的表现，而取决于我们。网络就是传递对你的表现所做出的集体反应的载体。

再想一想我所钦佩的年轻艺术家，我完全有理由对他们表示关切，特别是我认识了10多年的朋友伯托德·里斯泽（Botond Részegh），他是一位特兰西瓦尼亚的艺术家。在我所著的上一本书《爆发》（*Bursts*）[①] 中，他精妙的插图帮我将科学和历史叙事结合在一起。我一直都非常欣赏他的画作，有几幅画到现在还挂在我家墙上。我将他的艺术经历输入了网络图中，显示的结果让我对他的艺术发展前景产生了担忧。他的很多展品都是在靠近网络边缘位置的展览馆展出的。

① 《爆发》是作者巴拉巴西的经典力作，向大家传递了一整套理解人类行为时空模式的观念和理论，提出93%的人类行为是可以预测的。——编者注

我后来才知道，这是他自己的选择。几年前，他本来有机会在罗马尼亚一所最重要的艺术学校任教，但他做出了一个可能不太聪明的选择，回到了我们的出生地——特兰西瓦尼亚的一个小村庄，准备在那儿将自己的一生献给艺术。这一决定将他推到距离艺术世界闪耀的中心遥不可及的地方。

那些像他一样的人能成功吗？我们回到数据中，在数据里搜索，寻找像里斯泽一样，在网络边缘开始自己的艺术生涯，而后获得成功的艺术家。

还确实有这样的艺术家。50 万中有 227 位，只占很少的一部分。他们最初在三流的美术馆参展，最后出现在享有盛誉的美术馆里。他们从底层开始，最终有所突破，登上了峰顶。我们非常好奇，想知道是什么因素驱动了他们的成功，于是花了数周时间来搜寻原因，力图搞明白他们的职业发展轨迹与艺术界的常态为何有所不同。

这 227 位艺术家每一个人都有自己独特的发展道路，但作为一个群体，他们身上共有一些不同寻常的规律。在他们步入职业生涯的头 10 年，很快就崭露头角，就像在排名上迅速上升的网球运动员一样。确实，那些名列前茅的运动员主要是在前 20 场巡回赛中赢得名次的。网球的优异成绩不能通过技术上缓慢的进步而取得，那些希望进入第一梯队的年轻运动员要依靠非凡的综合技艺，一场接一场的胜利才能达到目标。

既然艺术上的技能不可测量，那么我们如何预测这 227 位艺术家的成功之路呢？有一个因素值得重视：不屈不挠、永无止境地另辟蹊径。数据表明，这些艺术家都避免选择那些轻松舒适、普普通通的路径以及在相同的展览馆中重复展出作品。他们采取的策略就像俗话所说的“遍地撒网”，作品送展的美术馆不管远近，不分层次。无论是运气使然，还是本身就抱有目的，他们碰到了几家美术馆，而这些美术馆正好位于通往艺术界中心的路径上。可以这样说，他们艺术上成功的秘诀就在于，他们坚毅的志向和四处闯荡寻觅机会的热情。他们不愿固守一地，执拗地忠实于少数几家展览馆，而是认真审视他们的选择，充分利用范围广泛的种种机会。

正是因为这样，里斯泽的职业发展才出现了希望的曙光。他除了油画方面的天赋，还是一个富有人格魅力的人。如果你在啤酒店遇到他，一杯啤酒下肚之后，便会对他暗自产生好感和信任，你们不仅会很快成为朋友，甚至会一下子把自己房屋的钥匙交给他。这个特点使他天生就是一个网络中的人。他充分地发挥了这种能力——开了一家非营利性的地方美术馆，展出了一些著名艺术家的作品，并与这些艺术家、博物馆馆长以及画廊老板建立了联系。更重要的是，只要他有限的预算允许，就会四处旅行，在遥远的城市与精英俱乐部的看门人交朋友，晚上就睡在朋友家的沙发上。

这些特点帮助里斯泽取得了非凡的成就，至少我们的网络图显示：他在孤立的特兰西瓦尼亚的一个小村庄创作的画作，现今在纽约的著名美术馆展出。他是如何做到这点的呢？原来他深刻地意识到，用油彩精心涂抹的画布在柔和的色调中描绘出的硕大而模糊的肖像，只是进入艺术圈子的敲门砖。他只有通过广泛的交往，游走于网络中，才能结交尽可能多的圈内人士。

当你在偏远的地方工作时，很容易感到心灰意冷、前途渺茫。但值得记住的是，社会网络和职业网络（不仅仅是地理位置）是决定所有人成功的要素。网络中充满了机遇，部分原因是网络由许多强有力的枢纽节点，即那些非常善于建立关系的人串联起来的，他们渴望利用自己的关系，去支持能够产生价值的人和事；他们特别精于从社会组织中发现其他人往往会错过的宝贵机会。因此，与他们建立联系吧。

记住，能力表现要靠机遇激活。我们需要重构习以为常的观念，即向成功的顶峰攀登意味着要从山脚开始一步一步艰难累积才能实现。如果能力表现在所有的专业领域里，都能像网球的能力表现一样被测量，那这种观念有可能奏效。但是，如果我们不能证明自己在所从事的专业领域中是最优秀的，只依靠一步一步攀登达到成功是不现实的。我们需要尽量靠近上级的办公室，或者知名的美术馆，抑或期盼中的面试。

成功处在“灰色地带”

如何才能达到这一目的呢？**用社交之桥替换行业之梯。我们从来都不是独自在工作，即使我们自己认为如此。**我们对成功的集合界定要求我们考虑自己的工作如何对他人产生影响。如果我们期望将远处的世界拉近到家门口，就需要发现能加速我们网络通行的枢纽节点，并向它们靠近。我们要有即刻向顶峰进发的雄心壮志。常春藤联盟学校的申请者是这样做的，身怀绝技的年轻网球运动员是这样做的，艺术界声名显赫的艺术家也是这样做的，优秀的网络中人也都这样做。无论在什么领域、从事什么学科，或者从事什么行业，你若想取得成功，就必须掌握网络。因为成功第一定律提示我们，如果对能力表现的测量越难，能力表现的重要性就越低。

那么，对能力表现的测量究竟有多难呢？

为探究成功第一定律，我有意选择了有关成功的两个极端例子。一个是单项体育运动，其能力表现可以精细、准确地测量；另一个是视觉艺术，其能力表现不可测量。多数职业介乎于这两个极端之间，因此我们绝大多数的成功不能够用单一的变量来解释。如果你是一名律师、一名推销员、一名教师，或者一名投资银行家，能力表现和网络两者都很重要，但在重要程度上会有所不同。

下一章我们将专门探讨这一中间地带。当不能用单一的测量工具来发现和奖励优异的选手时，我们会不自觉地使用多种方法对其进行定量和定性的评估。换句话说，我们会使用我们的最佳判断。

但问题是，最佳判断也总是会出差错。

THE FO

The Universal Laws of Success

巴拉巴西
成功第二定律

能力表现是有界的，但成功是无界的。

The Second Law: Performance is bounded, but success is unbounded.

RMULA

第二定律解释了影响我们选择的隐性因素，它告诉我们，为什么专家试图在挑选口感最佳的葡萄酒或者最有造诣的小提琴手时，注定会失败。这条定律还解释了为什么在高尔夫球场上，泰格·伍兹（Tiger Woods）的对手总是比他稍逊一筹，以及为什么最后面试的人几乎总是会被录取。

04

一瓶
葡萄酒
价值几何

How Much Is a Bottle of Wine Worth?

当我们不能决定时，
如何做决定

在品尝室，洁净透明的玻璃酒杯在荧光灯下泛着微光，一组一组的葡萄酒摆放在桌子上，旁边围着成群的品酒师。酒瓶上都贴有编号，瓶身用黑色的塑料薄膜遮盖着，将设计得非常漂亮的商标掩藏起来。倒入玻璃杯中的葡萄酒呈现出美丽的色彩，像玫瑰金、勃艮第红或淡琥珀色，这些色彩也为这个像医院门诊室似的地方增添了一丝生气。品酒师们端着酒杯，轻轻摇晃着里面的酒，仔细观察着酒的稠度，嗅着酒的芳香，再咂一小口品尝味道。他们眉头紧锁，用味蕾仔细地搜寻着酒中微量的精妙成分，正是这些成分构成了葡萄酒的各种特点。然后，他们在选择框中打钩，再记录几句话。有时候，他们还要再次品尝几口。无论如何，这是他们的工作，他们必须以科学的态度严肃、认真地对待。

鲍勃·霍奇森（Bob Hodgson）对这种工作环境非常熟悉。[1] 他年近 70，是一位说话温和的酿酒师，留着修剪整齐的花白短胡须，戴着一副薄边眼镜。霍奇森看起来不太像酒神狄俄尼索斯的忠诚仆人，而更像一位大学教授。不过，他以前确实是一位大学教授。霍奇森从海洋学专业退休之后，成了加利福尼亚州葡萄园的一位园主。他葡萄园酿造的酒被送去参加各种比赛，但结果往往令他费解。他的 93 年仙粉黛（Zinfandel）葡萄酒在一次比赛中获得金奖，但在另一场比赛中被淘汰。一些评委会对他的红酒嗤之以鼻，而另一些却赞赏有加。他对此非常困惑，于是决定做一名品酒师。但品酒师的经历并没有给他带来多少鉴赏力，他常常发现，他喜欢的霞多丽（Chardonnay）白葡萄酒基本没能入围决赛，而不怎么看好的一款梅洛（Merlot）红酒则将比赛的最高奖项带回了家。

霍奇森最终离开了葡萄酒品酒师的岗位，因为品酒出现这样大的差异，他认为自己并不合格。然而，他葡萄园的成功取决于品酒同行的苛刻评估。他认为这个过程有瑕疵，内心非常不安。这个过程很像一场赌局，一箱一箱的葡萄酒被堆放在库房中，前途未卜。但是，无论他如何关注，比赛的结果远非一致。如果说有一点儿一致的话，那就是结果的随意性。作为科学家的他起了疑心。

加利福尼亚葡萄酒竞赛是北美历史上最悠久的葡萄酒比赛，可能正因为这个原因，它也是北美最负盛名的葡萄酒比赛之一。能在这个大赛上赢得一枚金奖，酿酒厂就可以提高葡萄酒的定价，在竞争激烈的市场上极大地改善生存机会。霍奇森非常好奇，品酒师在评判优质葡萄酒时究竟有多准确和一致。他是大赛顾问委员会的成员，于是请求委员会让他做一个实验。

2005 届的评判委员会被召集起来进行年度品酒工作。从表面上来看，每一位品酒师都会遵循相同的、由来已久的惯例：给每一款葡萄酒的甜度、酸度、丹宁、果香以及酒体做出评定，依次经过嗅、啜、漱、吐一整套程序进行品酒，并做出完整的记录。但当天的评定有些不同。为了霍奇森的实验，品酒师重复品尝了同一种葡萄酒。也就是说，相同的酒以随机的次序分三次呈送给他们品鉴。评酒体系的弊端（霍奇森之前只是怀疑可能存在不一致）一下子就暴露无遗。一位品酒师在第一次品尝一款葡萄酒时，给了一个最低分——80分，但没过一会儿，他又品尝了一次，大方地给了 90 分。当同一款酒第三次呈送给他时，他竟然对这款葡萄酒没有任何熟悉之感，打了 96 分的高分，这个分数足以让它获得金奖。霍奇森回忆道："他们给完全相同的葡萄酒打了不同的分数。"于是他最后得出结论：葡萄酒所获得的种种奖励很大程度上与运气有关。

与运气有关？

地球上跑得最快的人尤塞恩·博尔特（Usain Bolt）仅靠 0.11 秒的优势，击败了约翰·布雷克（Yohan Blake）和泰森·盖伊（Tyson Gay），他们的速度差距只有 1%，这个差距只有高水平竞赛中使用的精密计时器和视频录像才能分辨出。[2] 如果博尔特和我一起竞赛，那我的表现会贻笑大方。但实际上，我们速度上的差距也不会太过巨大：他跑得比我可能快 1 倍，但绝不会快 100倍，甚至快 10 倍。这是因为，从物理上来说，即便是博尔特的速度也是有上限的，用一个科学术语描述就是"有界"（bounded）。许多优秀的赛跑运动员接近上界，有一些甚至非常接近，以至于没有精密的仪器就无法分辨出谁跑得最快。若要区别高和矮、快和慢，或者劣质酒庄和特级酒庄，那非常容易，但要区别高与高、快与快，或特级酒庄与特级酒庄那就困难多了。

霍奇森发现的问题来自一件简单的事情。一般来说，品酒师在比赛中品鉴的葡萄酒都是出类拔萃的，大多数参与竞赛的酒都是这样。博尔特的赛跑和葡萄酒比赛都可证明，能力表现是有界的。

"能力表现是有界的"这句话听起来可能有些抽象，但在我所从事的量化研究领域是有清楚、准确的含义的。它意味着，我们的能力表现遵循着一个像钟形曲线的分布。[3] 钟形曲线是一种曲线图，峰值呈大圆孤形状，在两端逐渐收缩，经常用于表现高度或智商，还可以描述概率分布，记录我们个体之间的差异。比如，多数人身高的平均值接近钟形曲线的峰值位置，极矮或极高的情况则沿曲线两端逐渐收窄。巨人只有在童话故事里才会出现，这是有道理的。当离开平均值，钟形曲线就会呈指数级骤减，处于平均线之外的异常高大的个体极其罕见。钟形曲线也可以用于描述速度，我们发现，没有赛跑运动员能和法拉利竞速。即使是像博尔特、盖伊、布雷克这样最优秀的赛跑运动员，也只能跑在钟形曲线的上锥处，在成绩的上限位置几乎再难超越。

“能力表现是有界的”这一简单事实，可以让我们在很多运动项目中预测未来的结果。几年前，印第安纳大学成功学项目组的研究员菲利波·拉迪奇（Filippo Radicchi）查看了 1896 年以来的奥运会纪录，结果发现，运动员在成绩上的每一次进步都是沿钟形曲线上升，这足以使他预测出未来的奥林匹克纪录。[4] 举个例子，在 2012 年奥林匹克运动会之前，拉迪奇就预言，男子 100 米短跑的最佳成绩是 9.63 秒，正负 0.13 秒。果然，博尔特的成绩刚好是 9.63 秒，打破了先前的纪录。女子冠军同样也是，拉迪奇预言，她越过终点线的时间是 10.73 秒，正负 0.2 秒。谢莉－安·弗雷泽·普莱斯（Shelly-Ann Fraser-Price）的最后成绩是 10.75 秒，正好就在拉迪奇的误差范围内。

因为能力表现有这样的界限，才可以使我们以非常高的准确度，预测什么是我们的最终极限。拉迪奇告诉我们，大多数人在百米冲刺上能够期望取得的最好成绩是 8.28 秒，这也是人类在短跑项目成绩上的上界，当前人类在百米冲刺上的世界纪录仅仅落后 1.5 秒。除非我们开发出超人的技术，或者通过基因工程培育新型运动员，或者给我们的竞赛者注入足够的兴奋剂，不然没有任何人能够超越 8.28 秒这个成绩。

如果能力表现没有界限，运动员就会鱼贯而来，将世界纪录保持者一一击破。但这种事并没有发生。因此我们知道，在某一个时间点之后，令人信服地超越竞赛对手是不可能的。我们应该谦卑地认识到，或者提醒自己，你可能会成为一位非凡的外科医师、才华横溢的工程师，或者技艺娴熟的钢琴演奏家，但同时，总会有许多其他外科医师、工程师、钢琴演奏家，他们同样非凡、才华横溢、技艺娴熟。你可能花了成千上万美元的学费进入精英专业学校进行深造，经过经年累月的艰辛奋斗，攀登到你所选领域的顶峰。但是，当你到达那里时则会发现，站在顶峰的不止你一个人，至少还有少数人与你为伴，他们具有和你一样的才华、经历、学历，他们也都目标明确、勤奋努力。你的能力表现将会和他们进行对比，并在一段时间之后告诉我们，在你的领域里能力表现的界限在哪里。所有处于顶峰的人将会发现，我们会反复地碰撞能力表现的相同界限。

这就为我们提出了一个重要问题：如果我们周围都是优秀的竞争者，那我们如何才能优中择优呢？在我们没有办法测量的情况下，如何做决策呢？

我们永远无法从优秀中区分出卓越

参与葡萄酒大赛的品酒师之所以失败，并不是因为缺乏专长，或者缺乏准备，抑或考虑不周。他们失败的主要原因是，他们所品鉴的葡萄酒都是最优秀的。如果把用于烹饪的量贩装红酒从大桶中倒出来，摆放着来自精品酒窖、价值 200 美元一瓶的黑皮诺葡萄酒旁边，就算是我也能够尝出前者味道明显低劣，但若想在两瓶优质的香槟之间确定买哪一瓶用于新年除夕派对，真不好意思，我只能纯粹依靠价格标签来做选择。如何从优秀中区分出卓越，我实在没有这个鉴赏力。但是，按照霍奇森的说法，行家也缺乏这种鉴赏力。

虽说能力表现会驱动成功，但问题是，顶尖竞争者之间的差距往往非常细微，几乎不可测量。这就使那句俗套但却真实的老话“练习造就完美”传递的信息复杂化了。这句话我们都知道，经常挂在中学的健身房里。练习当然重要，但当许多人离完美都近在咫尺时，他们中的大多数并没有从中得到回报，获得成功。因此，当我们接近上界时，能力表现并不是成功的决定性因素。

当我们接近上界时，能力表现并不是成功的决定性因素。

As we near the upper bound, performance is simply not the deciding factor.

从表面上来看，在葡萄酒比赛中，品酒师的工作是世界上最惬意的，毕竟他们有时候一天能尝到150种优质葡萄酒，[5] 但实际上，他们的任务极其困难。葡萄园会提供最好的葡萄酒去参赛，因此品酒师品尝到的葡萄酒几乎难分高下。他们举着一杯一杯匿名的马尔贝克（Malbec）红酒，放在鼻下，啜上一口，在嘴里漱动，但他们没有“秒表”，没有简单实用的工具，可以明白无误地确定哪一杯是“胜者”。我们在确定大多数领域的能力表现时，都缺乏合适的秒表，比如小提琴比赛、流行音乐比赛、文学奖评选、年度优秀医师评选，或者确定美术馆的最佳艺术作品。

那么，能力表现的有界属性是否意味着，所有的葡萄酒比赛都是有缺陷的呢？霍奇森的数据毫无疑问地表明了这一点。[6] 在经过连续4年的重复试验之后，他得出了一个令人吃惊的结论：在一场比赛中，任何一位品酒师给相同的葡萄酒打分一致的概率仅有18%。有少数几次，霍奇森也注意到某一特定葡萄酒的分数出现了一致，但这种一致性总是表现在评分本上的低分数上。也就是说，如果某位品酒师从一开始就不喜欢霞多丽，那么第二次、第三次品尝时还是不会喜欢它。我们从优中选劣还是很在行的。但对于更优质的葡萄酒，品酒师的打分忽高忽低，占比达到了压倒性的82 %。然而，在同一位品酒师的评分本上，相同的葡萄酒得分高的可以获得金奖，得分低的则一文不名。

这些结果令霍奇森感到困扰，但又极其好奇。不过，他并没有把这些结果公开，让赋予他激情的葡萄酒行业“难堪”。他希望了解其中的原因，从而改进这一体系。于是，他开始从另一个视角分析这些数据，希望能识别出靠谱的品酒师和不靠谱的品酒师。真的存在“金牌品酒师”吗？他们能可靠地鉴别出金奖葡萄酒，而同行们还在苦苦地为之而努力。霍奇森回到自己的数据里，仔细搜寻着评分精准的高水平品酒师。他确实找到了一些，占年度品酒师的 10%，他们的打分相当一致。如果他们将第一次品尝的葡萄酒列为金奖等级，那么在第二次、第三次品尝时还会列入金奖等级；当他们不喜欢某一款葡萄酒时，会一次又一次地抛弃它。这个发现令人鼓舞！如果能够识别出这些可靠的品酒师，并每年聘用他们，葡萄酒品鉴将重新成为一门值得信赖的科学。随后，霍奇森做了最后一次检测，将这些金牌品酒师的表现与其他年度的表现进行了对比。结果再次令人不安。品酒师过去的品酒记录和当前的可信度之间没有任何关联。比如，某一位品酒师在某一年的葡萄酒比赛中给出的分数具有超高的一致性，但在下一年中的表现则很不可靠。显而易见，在葡萄酒的评定上，不存在一套可以传授的，或者经过打磨就可以日臻成熟的技巧，一届又一届的专家组也没有表现出哪怕一次可靠的、卓尔不凡的鉴赏力。

“我并不是要固执己见，坚持说这种结果完全是胡编乱造的，我认为这不是事实，”霍奇森说，“但分析表明，就是这么一回事。”霍奇森曾经也是一名品酒师，他可能并不愿意承认这个结果，但我愿意相信，因为数据显示得很清楚：在葡萄酒商店里，酒瓶上印的金奖来自垃圾科学。我并不是暗示获奖的葡萄酒质量不好，完全相反，它们都是优质的葡萄酒。这也正是为什么赢得葡萄酒比赛的大奖，在很大程度上具有偶然性。

郎朗如何成为顶级钢琴家

几年前，我有机会在一家交响乐音乐厅观看郎朗的钢琴演奏。尽管郎朗光彩夺目的演奏天赋尽人皆知，但他能否成为世界上最杰出的钢琴演奏家之一仍存有争议。我从未看过他的表演，但当演奏开始后，我发现自己越来越难以投入他的音乐中，因为我的注意力完全被他的手势吸引了。当他在键盘上敲击着高八度音符时，身体夸张地大幅倾斜，双手充满激情地挥向键盘上方，手指在空中抖动。不可否认，我为他的才华感到惊叹，但同时也为他的身体语言感到茫然。后来才知道，郎朗的这种表演技巧其实是有目的的。

伦敦大学学院研究员基亚－朱恩·蔡（Chia-Jung Tsay）做了一个实验[7]，他要求专业音乐人和新手预测，三位进入决赛的选手谁能在古典音乐比赛中拔得头筹。一组只听选手的录音资料；一组既有录音资料，又有视频资料；另外一组则只看没有声音的视频录像。如果让你以这样的方式来挑选最优秀的音乐家，你一定会觉得有些荒唐可笑。

在实验开始之前，无论是专家还是新手都十分肯定，单独的录音资料最有利于预测出优胜者，毕竟，这是一场音乐比赛。但朱恩·蔡发现，评判组单独依靠声音选拔出真正的优胜者的概率仅占25%。因为只有三个选项，因此这一结果比我们做多项选择题时瞎猜的结果还要糟糕。依据声音进行判断，无论是专家还是新手，评选出的结果都与正式的评委会不一致，他们挑选了其他人来荣获最高奖项。

令人感到意外的是，最为准确地锁定优胜者的是观看无声视频的那些人，他们需要在激情洋溢、但听不到任何声音的音乐演奏者中做出选择。在这一组中，新手和专家在预测的准确性上都达到当次比赛的50%。换句话说，那些完全听不见音乐的人预测的准确率是能够听见音乐的人的两倍。因此，在评选最值得获奖的表演者时，专家并不比菜鸟强多少，在某些情况下甚至更差。

我们在这儿稍做停留，消化一下这里面所传递的信息：最初的专家评委会肯定也是依据他们所看到的而非听到的来选择获奖者的。如果依据数据分析，我们可以得出这样一个令人惊讶的结论：音乐界的“郎朗们”受到人们的尊崇，并不是因为他们演奏的音乐明显优于其竞争者，也就是那些观众不能场场满座的演奏家，而是因为他们是善于“表演”的杰出音乐家。

有位雇主曾经告诉我，她曾雇用了一位男性雇员，就因为他穿了一双粉色袜子。所有的候选人都符合条件，但在一整天的面试之后，只有那位穿了色彩鲜艳的袜子的人脱颖而出。这粉色袜子和布尔库·于泽索的文身比起来没有多大的不同，但我必须承认，它给我留下的印象和亮点突出的简历一样深刻。事实上，如果我一一回顾我雇用的每一个人的亮点时，常常是那些手势或提示吸引了我：在面试结束时开的一个玩笑、简历上列出的一项令人好奇的技能、一副引人瞩目的眼镜，或者一阵有趣的大笑。作为招聘的主管，我希望能在面试中了解潜在雇员的价值观或人格特点。既然是在条件都合格的候选人中选择，我当然会更注意这些方面，而不是他们的简历。

如果将这些经验应用在我们自己的生活中，就意味着，我们在面试中应该将真实的自我展示出来。一个出人意料的回答，或者一则引人入胜的个人趣闻，可能就会使你比别人领先一步。毕竟，能力表现是有界的，如果你发现一些小技巧可以使你引人注目，那就太值得那样去做了。

不过，我不是在鼓励你将所有的信念都放在小聪明上。从一群人中脱颖而出，或是弄巧成拙助推他人领先于自己，这中间只有一条微妙的分界线。记住，当我们缺乏硬数据来支持自己的决策时，可以影响我们的因素是细微、甚至是下意识的细节，你大可不必玩那些虚情假意的套路。于泽索并没有利用她的文身来打动我，因为文身早已存在于她的皮肤上，但它反映了她人格的一个方面，使她显得与众不同。**在能力表现有界的情况下，这些微不足道的小细节能起到大作用。**

如果这个音乐实验能告诉我们什么，那就是在自我展示中，那些说不清道不明的方面很重要。音乐比赛的评委仅凭乐曲本身难以做出判断，他们只好借助表演等其他因素，比如，音乐表演者的服装、演奏风格、表演技巧和面部表情等。这些就是漂浮在朦胧的、难以量化的音乐海洋中的影响因素。

如果你要比赛，争取在第 5 天出场

任何比赛，无论它享有多高的声誉，都无法摆脱这种倾向。举个例子，“伊丽莎白女王国际音乐大赛”[8]在古典音乐中的影响力就相当于《美国偶像》在流行音乐中的影响力。从 1937 年开始，这个比赛就开始了它的“造星”运动，最先是小提琴表演，然后是钢琴表演、声乐表演、大提琴表演和作曲比赛。小提琴表演的奖品不仅包括一张大额支票，还有一把每位琴手梦寐以求的、可以无偿使用 4 年的斯特拉迪瓦里小提琴。更重要的是，它可以带来声望，为你进入全世界的顶级音乐大厅、签订获利丰厚的录音合同敞开大门。

伊丽莎白女王国际音乐大赛长期以来以公正著称，为防止出现偏见还制定了一系列规程。这个大赛每年会从世界各地邀请 85 位满怀希望的演奏者来参加竞赛，最终会有 12 位选手经过淘汰赛进入在布鲁塞尔举办的决赛，演奏同一首专门为比赛所作的协奏曲。要求他们演奏相同的新乐谱，目的就是避免有人因挑选了自己长期练习的乐曲而占得先机。另外，选手在决赛中的演奏顺序也是随机抽签决定的。发放协奏曲乐谱的时间会交错进行，以保证每位选手在最后演奏前刚好有一星期练习时间。决赛的那一星期，每个晚上会有两位选手，按名单规定的时间在评委面前演奏，然后当场打分。评委在整个打分过程中不得互相商量，在递交了成绩单以后也不得更改分数。由于注重细节，这个竞赛被认为是古典音乐界选拔和奖励最杰出演奏家的最佳尝试。

但这个过程仍然是失效的。以钢琴比赛为例。1952—1991 年，在相同的

规则下举办了 11 场钢琴比赛。由于表演的场次是随机安排的，最有才华的演奏者可能会被安排在任何场次。但如果我们观察这 40 年的获奖记录，就会发现一些十分奇特的事情。首先，在第 1 天出场的演奏者中没有任何人获奖。第 2 天出场的演奏中有 2 位获奖，最后一天出场的演奏者中只有 1 位获奖。剩下的 8 位获奖者，有一半选手碰巧都是在比赛的第 5 天出场演奏的。这种现象是不是很奇怪？

当然，这可能带有偶然性。当我们反复掷骰子时，可能会这样认为，掷出 3、5、6、3、1、2 这种序列的概率会远远高于 6、6、6、6、6、6 这种序列的概率。如果我们拿起骰子，连续掷出 6 个 6，就会觉得有如神助。但事实是，两种序列出现的概率是完全相同的。因此，我们可以将音乐比赛结果归于不可思议的巧合。有两位经济学家通过将钢琴比赛的相关数据放在他们的统计学显微镜下观察，得出了强有力的结论：巧合不能解释这种结果。事实上，那些被要求在决赛的第 1 天进行演奏的选手，获奖的概率相对低，其排名总体上比在第 5 天演奏的选手低 3 个名次。同时，某个晚上的演奏次序也会影响比赛结果。那些第 2 个出场演奏的选手比一开场就演奏的选手排名要高 1 个名次。性别对比赛结果同样有显著的影响。如果所有的条件都相同，男性选手的排名比女性选手的排名通常会高 2 个名次。如果女性选手在决赛第 1 天第 1 个出场，她的排名比在第 5 天第 2 个出场的、具有相同天赋的男性选手的排名会低 6 个名次。

很显然，性别偏见在比赛结果中产生了巨大的影响，但这还不是决定性的因素。专家指出了另外两种影响因素，都源于比赛的组织方式。

第一，所有的选手都演奏同一首协奏曲这一独特的要求。这一策略的目的是要创造一个公平的比赛环境。但是协奏曲对小提琴手来说是新的，对评委来说也是新的。很少有评委能仅仅通过读谱就能充分听懂音乐，作品最精妙的部分只能在反复听后才会领悟。当评委从最先演奏的选手那里第一次听到这首协奏曲时，他们会对乐曲表现出很强烈的生疏感。随着比赛的继续，他们才会对这部作品越来越熟悉。第 1 天，由于被音乐的新鲜感影响，评委可能不太注意演奏者对音乐的理解、音乐表现上的细微差别，或者无法辨别出特定的音色或音质。

第二，即使评委能够赏识首位演奏者的长处，但这位演奏者也会因另外一项为谋求公正而制定的规定所影响，注定享受不到公正。这条不容变通的规定是：评委对他们做出的评价不能重新做任何修改。想象一下，假如首位演奏者的精彩演奏使你折服，你会冒险给他打上最高分吗？可能不会吧。如果你这样做，一旦在后面听到更让你叹为观止的演奏，你就会陷入进退维谷之境。随着比赛的进行，评委听熟了这一首协奏曲，他们对选手的评价也变得更得心应手，打的分也会越来越慷慨，打分的过程也就越来越放松。

出场顺序与选手命运

葡萄酒和古典音乐的评判都有一套精心设计的公平程序，但这套程序也可能会导致不公平。[9] 事实上，我们会对所有的未知事物心存恐惧，特别是当遇到深奥微妙的主题时。正因如此，我们倾向于听从专家的评价，比如，品酒师举着高脚酒杯，深深地嗅上一嗅，然后抛出一句奇怪而又特别的描述，“有一点点融化的焦油味儿”，或者“满满一推车牙买加丑橘味儿”，再比如那些音乐专家，他们似乎能够轻易地察觉出小提琴手在协奏曲中对一小节强音的微妙处理。在这些深奥难懂的领域，我们不会去质疑经过长达数十年所形成的规则程序。

但无论我们怎么看，规则中同样的瑕疵，也就是研究人员称为的“即时偏差”，依然会严重地影响比赛结果。我们从伊丽莎白女王国际音乐大赛中可以看到这种影响：出场顺序靠后的选手，在我们大脑中具有最高的“即时性”，往往能脱颖而出。在欧洲电视歌唱大赛中也同样存在这种现象。在这个欧洲著名的、长期举办的流行歌曲大赛中，歌手在当晚比赛中的出场顺序越靠后，获奖的概率就越高。[10] 花样滑冰比赛中也存在这样的情况。选手们在第一轮随机抽签表演，他们一个接一个，充满希望地滑向冰池，翩翩起舞，动作、舞姿和竞争者大同小异。在完成比赛之后，选手们在场边手捧鲜花，高雅地挥舞着，等待评委的即时打分。我们在电视上看着他们，而他们在悬念中不安地等待着。当听到评委播报出的评分时，他们的面部表情或因宽慰而欢笑，或因失望而扭曲。镜头短暂地给其中一位滑冰选手一个特写，很快又移向另一位选手，他身着闪亮的紧身衣，摆着姿势站在冰池的中央。

虽然整个评分过程看起来既透明又公正，但实际上不是。滑冰选手的得分随着出场的顺序而呈规律的递增趋势。那些在后边出场的选手看起来滑得更好。出场顺序又一次决定了选手的命运。

你的成功也许只是一种预判

既然在花样滑冰、葡萄酒、古典音乐以及泡泡糖摇滚乐比赛中的评分上存在如此明显的偏差，那么为何我们没有想到，在评价其他表现形式时，可能也存在类似的偏差呢？能力表现是有界的，无论你学的是什么专业。**在顶尖选手之间做出区分是极其困难的。**

另一个使我感到特别惊讶的例子是西班牙审判庭法官的考试。[11] 许多满怀希望、准备充分的申请者会在由经验丰富的高等法院法官组成的评委会面前进行口试，并在以下三个知识范畴内回答提问："普通文化""语言"以及"历史、法律、文化、经济"。不难想象，在一组受人尊敬的专家面前进行口试会令人感到多么焦虑，特别是想到你今后的一生都将取决于这次考试的结果。那真是一场令人直冒冷汗的"噩梦"：权威人士盯着你，就某些话题天南海北地提出一系列探讨性问题。而你所能做的，只有抓耳挠腮。

但这种情况还不是最糟糕的。实际上，你成功的机遇已经在考试的数周前被预定了。因为如果你碰巧抽到在星期一口试，那么，你就已经处于不利地位了。作为一位勇敢的开路先锋，你通过法律考试的机会是 50% 左右。而如果你抽到了星期五口试，那恭喜你，你走运了！你成为法官的机会将上升到 75% 左右。因此，结果上的巨大差异与你的能力表现没有任何联系。能力表现与你的知识、准备和专业特长有关，而与在星期几考试无关，这不正是我们举行考试制度的原因吗？但是，就像我们在许多其他领域的评分过程中看到的一样，将来，为西班牙的一个重要案件做出裁决的某位法官，很可能就是受益于即时偏差而当选的。

也许，这无关紧要。那些将来可能成为法官的人，都处于这一领域能力表现的上界。虽然评选结果可能不会毫无瑕疵，但面试和竞赛仍然是在一个人才济济的领域选拔人选的有效方式，不是吗？

我差一点儿就接受这个观点了。但另一个例子立马“溜进”我的大脑里，这个例子就是美国食品药品监督管理局批准医疗器械的流程。[12] 在审核医疗器械的会议上，会议主席会安排人员围着会议桌坐好。在器械制造厂家和两位正规的审核者做完初步介绍之后，会议主席会让与审核者坐得最近的委员会成员发表意见。然后主席引导讨论，每一位成员有时按顺时针、有时按逆时针轮流提出问题。从理论上来说，每一位与会者都有公平的机会表达观点。

但实际上并不是这样。医疗器械的认可与否主要由最先被要求发言的几个人决定。他们为关键的问题确定了框架，使后面的发言者不能有效地提出新问题。前几位发言人的观点被提了出来，为整个讨论定下了基调。换句话说，他们在会上的位置和发言的顺序影响了一件医疗器械能否获批进入市场。

想一想，当你做手术时，医生本来能够给你提供一种创新的治疗方法，如果支持它的关键论点早一点儿在审核会议上提出来！虽然这一发现有些危言耸听，但想一想，这样的例子在我们的工作经历中比比皆是。作为一位大学教授，我在好多个委员会中任职。我经常会在会议室的后边拿一杯咖啡和一块点心，努力地融入会议讨论中。有时我会带上笔记本，记录一些想在会议上一吐为快的问题。但当发言倾向于一致同意时，唱反调就好像迎着巨浪游泳。当然，我可以尝试逆转结果，但参会者已经有了各自的立场，提出质疑会整个讨论一下子陷入辩护和攻击的混战中。当大家都开始查看时间，或者整理自己的文件时，谁还愿意挑刺。除非我激情澎湃，否则我也会将质疑搁置一边，按部就班地去完成这一天剩余的工作。

但事情并不总是这样简单，特别是涉及别人能否保住工作，或是我们的投票可能会葬送一个学生的前程时。美国食品药品监督管理局的例子说明，最后的审核结果可能对我们的健康有着举足轻重的影响。一想到这样的决定都是由坐在一团和气的会议室里的人做出的，你还会觉得简单吗？我为此感到深深的忧虑。

然而问题是，人们需要在某个位置坐着开会，选手们不可能同时一起竞赛，评判者也不得不依靠他们自己的判断。但从诸多案例中我们看到，比如美国食品药品监督管理局的批准程序、花样滑冰比赛的评判规则、资格考试、小提琴比赛以及葡萄酒品鉴，那些为保证公平竞赛而设计的机制，到后来却适得其反。

在很多方面，能力表现的有界性致使很多竞赛走向失败，因为它迫使评判者不是在好与差、快与慢、专家与菜鸟之间进行决策，而是要求他们在各自领域接近于能力表现上界的能人中区分出高低。在短跑竞赛中，如果不是使用精密计时器，即使是目光敏锐、经验丰富的裁判员也不能确定，谁最先抵达终点线。而在参与竞争奖项或职位的顶级人选中，决策者更加难以分出伯仲。

我并不是暗示大家，决策者应该通过掷硬币来决定胜负。不过我认为，选择 10 位最优秀的竞争者，然后告诉他们，我们确实无法在他们中间辨别出高低，所以给他们都授予大奖，这样可能更公平。不然的话，我们是在要求评判者做不可能做到的事情。我们依据与表现无关的变量做出唐突的决定，习惯性地将男性置于女性之前得出唐突的名次。我们目睹了大奖被授予一位表演者，而他之所以受到评委们的青睐，仅仅是因为夸张的姿势在观众的脑海里留下了深深的印记。

失败不是成功之母，成功才是成功之母

在任何领域，如果你希望获得成功，就必须记住，你的竞争者和你完全一样，才华横溢，有备而来。当我在美国圣母大学参加面试，谋求第一份教职时，我是候选人中最没有经验的。我博士毕业仅 6 个月，学历上的墨迹甚至还没有干透。那时我 27 岁，是所有参加面试的人中最年轻的。不出所料，我后来得知，在我还没到达学校前，评委会的成员已经非正式地决定，将这一职位给予一位当之无愧的候选人。然而，不知怎么的，最终是我获得了这个职位。是我比其他充满希望的候选人更有优势吗？不，只是因为我是最后一个面试的。

现在，当学生在求职面试前找我寻求建议时，我会想到自己的求职经历以及成功的定律，然后会问他们："什么时候？"这不是一个漫不经心的问题。

虽然我的学生很优秀，有资格获得工作，但考虑到能力表现固有的有界性，我几乎可以肯定地说，许多其他候选人具有同样的资质，这给招聘委员会提出了一个艰难的挑战。这就意味着在面试中，"什么"和"谁"，即内容和被面试者，没有"什么时候"重要。

“推迟，尽你的可能推迟面试！”我郑重地告诉我的学生。他非常渴望得到这份工作，听到这话不禁一脸茫然。他确实会感到茫然，直到我向他解释，他应该有礼貌地打听一下，招聘委员会计划在什么时候做出最后决定，然后争取一个尽可能靠近最后期限的面试时间。当委员会的招聘工作临近结束时，决策者会越来越轻松洒脱。最后一个面试的候选人在回答问题时表现得很有可能不比前一个小伙子更好，但是面试官问的问题会更到位，因为之前的面试让他们更有经验，就好像同一首协奏曲一次又一次地在评委耳中回荡一样。

当我们意识到大多数的评选过程是多么随意时，可能会感到心灰意冷，但这种意识也可以解放我们。因为如果我们的表现都很优秀，那任何一个人都有可能成为最后的“最佳候选人”。我们杰出但有界的能力表现将我们推向竞争，使我们来到面试室，或者登上舞台。如果我们并不那么优秀，也就不会有那么困难的选择。因此，在我们失败以后，虽然自责和自我怀疑会不可避免地涌上心头，但我们可以肯定地告诉自己，失败与我们的失误，或者瑕疵，抑或短处无关，而更可能与类似于时间安排这样的偶然事件有关。

只要我们理解了每一次评选固有的随机性，可能会更好地接受这一现实：成功就像一场数字游戏。如果你期望在竞争中获胜，就需要参加许多这样的游戏。如果你希望得到一份工作，就不得不寄出大量的求职简历。如果你想获得有望成为明星的主角，就需要一次又一次地登台试演。你不会总能掌控你是第一个上场还是最后一个上场。但正如你需要买大量的彩票来增加你赢得大奖的概率，只要你不断地露面，就更有可能在花名册上你期待的位置找到自己。

好消息是，数据显示，一旦你获得第一次成功，就会一而再、再而三地获得成功。这是一个秘诀，来自奖励的无意识转移。成功是可以自我繁殖的，并与成功次数成正比。如果你赢了一次，还将会赢得第二次、第三次，甚至更多次。

成功是可以自我繁殖的，和它的次数成比例地增长。如果你赢了一次，还将会赢得第二次、第三次，甚至更多次。

Success can self-generate, growing in proportion to its size. If you win once, you'll win again. And again. And again.

成功这一概念披着一种神秘色彩，它看起来像一个神秘王国，仅由超人居住其中。我能够想象，一直心存疑虑的霍奇森打开一瓶黑皮诺葡萄酒，坚持要揭开这个秘密：为什么有些成功者无论做什么总是会成功？拥有这种能力的秘诀究竟是什么？

好在同样有数据帮助我们搞清楚这个问题。

05

超级明星和幂律

Superstars and Power Laws

回报
是无限的

泰格·伍兹第一次完成高尔夫开球动作时仅仅有9个月大。[1]他早期尝试用左手击球，就像他父亲挥杆击球时的镜面影像。几周以后他便改了过来，换用右手击球。尽管儿子还戴着纸尿裤蹒跚学步，但厄尔·伍兹（Earl Woods）已经意识到了儿子过人的天赋。“我知道他一定会称霸世界，”厄尔·伍兹后来说，“那时就知道。”

2岁时，伍兹赢得了10岁以下儿童小场地高尔夫球比赛。4岁时，他开始跟着职业教练鲁迪·杜兰（Rudy Duran）打球。在他们的第一个赛季里，杜兰惊奇地看到，这个膝盖圆圆的小家伙，居然出奇地击出了无数个漂亮的好球。从一段不甚清晰的视频录像中可以看到，伍兹头戴大号的红色卡车司机帽，手上戴着一双白色的高尔夫手套，脸上带着成人的认真表情，将球击过高尔夫球练习场。一脸大胡子的杜兰在旁边屈膝跪着，就好像在向这位“小皇帝”请安。

6岁时，伍兹在10岁以下少年世界锦标赛中获得第 8 名；8 岁时，获得第 1 名；到 15 岁，他成了获得美国少年高尔夫业余比赛冠军的最年轻的选手。18 岁时，他便拿到了人生中第一个美国业余高尔夫锦标赛的冠军。在成为职业高尔夫球手之后，伍兹获得的成就可谓极具传奇色彩，自从加入美国职业高尔夫球协会序列赛事，他便在球场上摧枯拉朽，无往不胜。[2]

看了伍兹的履历，我们不禁得出这样一个结论：伍兹是少有的一个例外，他的能力表现是无界的。毕竟，他在美国职业高尔夫球协会历史上创下了平均最低杆的纪录，在他 41 岁生日时就创下了 41 项纪录。当我仔仔细细地看了伍兹纪录清单上的数字后，感到非常惊讶。[3] 美国职业高尔夫球协会对每一位运动员的表现都保留了非常详细的统计资料，包括击球距离、球道击球百分比、规定杆数到达果岭的百分比以及每一轮用推杆推球的平均数。当你看到这 4 项标准是如何在选手中间分布时，就会相信，在现实世界中简直不能找到比这更完美的钟形曲线了。[4] 这条曲线真正地强化了“能力表现是有界的”这一概念是多么具有普遍性：绝大多数选手处于平均位置，少数几个以细微的差别突出一点儿，而伍兹在这 4 个方面都达到了上界。

不过，伍兹在这 4 个方面并不都是最优秀的。比如，在他获得美国职业高尔夫球协会年度最佳球员的 2013 年，[5] 他从发球台到果岭的平均推杆得分是 1.600；亨利克・斯坦森（Henrik Stenson）是 1.612，而贾斯汀・罗斯（Justin Rose）是 1.914。在这一方面，斯坦森和罗斯的表现比伍兹更好。我们再看一看 2013 年的击球距离这一项，也就是测量伍兹的常规击球能达到多远，结果是令人印象深刻的 293 码①。在这一项中，他位于 50 名选手中的第 30 名，那年的第 1 名是莱克・李斯特（Lake List），他的击球距离是 305 码。尽管伍兹天赋出众，但他和参加比赛的其他选手一样，其能力表现也是有界的。即便获胜，也只在于挥杆中的毫厘之差，同时巧妙地结合不同技能，从而得以胜出。无论我们参照什么样的标准，伍兹也并不比他的竞争者高明多少。

①1 码等于 0.9144 米。——编者注

虽然伍兹的能力表现是有界的，但他的成功是无界的。2009 年，伍兹成了第 1 位在整个职业生涯中净收入达到 10 亿多美元的运动员。同年，他在最富有的非裔美国人中排名第 2 位，[6] 仅次于奥普拉 · 温弗瑞（Oprah Winfrey）。即使在 2015 年，当他不再主宰高尔夫球赛事时，他在《福布斯》收入最高的运动员排行榜上仍然位列第 9 名。他财富的一大部分来自代言广告，覆盖范围从高尔夫用具到运动饮料、剃须刀、汽车等。[7] 2000 年，伍兹与耐克集团经过谈判，达成一项 5 年的协议，合同金额达到 1.05 亿美元，在当时是历史上运动员签下的金额最高的一笔合同。作为协议的一部分，他与耐克在高尔夫服装和装备的销售额中按比例分成。他成了品牌核心，连续数年收取版税，在耐克专卖店卖出的每一件带有耐克品牌标识的羊毛背心，都有利润进入伍兹的腰包。

伍兹就是被经济学家称为“超级明星”的人物——罕见的能力表现获得罕见的回报。超级明星之所以得以存在，是因为成功是无限的。即使你的能力表现比你的竞争者高出仅仅毫厘，但回报也会轻松地高出百倍，有时甚至数千倍。经济学家谢尔温 · 罗森（Sherwin Rosen）将超级明星描述为“相对较少的一部分人，收入丰厚，在自己从事的领域中占支配地位”。[8] 代表性的超级明星包括电影明星、流行音乐歌手、万众瞩目的高管以及投资商。想一想这些人：乔治 · 克鲁尼（George Clooney）、詹妮弗 · 劳伦斯（Jennifer Lawrence）、威尔 · 史密斯（Will Smith）、凯迪 · 佩里（Katy Perry）、布鲁诺 · 马斯（Bruno Mars）、比尔 · 盖茨、理查德 · 布兰森（Richard Branson）、沃伦 · 巴菲特、乔治 · 索罗斯（George Soros）。

超级明星的工作质量与他们的成功之间存在一种不成比例的关系，这意味着稍稍优秀一点儿的能力表现就可以带来超乎寻常的成功。罗森曾写道：“稍逊的人才是更优人才的糟糕替代者。”这也提示我们，若想在卓越的歌手和一个普通的好歌手之间做出选择，我们会选择前者。这一理所当然的选择促使我们所有人去听同样的歌、读同样的书、观看同样的网球运动员，这也促使市场偏向于那些被认为具有特殊才能的人。

我们很难预测出那些成功人士的回报有多么巨大，不过这儿有个例子，可以帮助我们理解成功的无界性。当我的一本书《爆发》[9] 于 2009 年 10 月问世时，我禁不住查阅了一下，有谁在和我竞争潜在读者的宝贵关注度。丹·布朗（Dan Brown）的《失落的秘符》（*The Lost Symbol*）在《纽约时报》畅销书排行榜上位列榜首，排在第 2 名的是尼古拉斯·斯帕克斯（Nicholas Sparks）的《最后的歌》（*The Last Song*）。[10] 看到《达·芬奇密码》的续集占据榜首位置，我并不感到惊奇，但使我感到好奇的是排在第 2 名的《最后的歌》。这是一部言情小说，而布朗通常是写惊悚小说的，但都可以纳入商业小说的范畴，都是为读者在海滩或机场逃避现实或放松而提供的书籍。《最后的歌》虽然排名第 2 位，但也是最接近第 1 名的位置。我们似乎很容易得出结论：如果斯帕克斯再努力一点儿，或者他的广告商再积极一点儿，他可能会把布朗从第 1 名的位置上拉下来取而代之。我想知道，斯帕克斯做些什么才能达到这个目标呢？

答案是：什么也做不了。的确，亚军与冠军只相差一个名次。当看到销售数据时，我发现《最后的歌》在一个星期内销售了 12 万册，这是一个令人惊讶的数字。要知道，卖得最好的畅销书一个星期的销售量也只是在 3000 ～ 5000 册，另外 99% 书籍的销售量就更少了。以所有的标准来看，斯帕克斯取得了令人瞩目的成功。但再看一看《失落的秘符》，仅仅比《最后的歌》的排名高了 1 位，却销售了 120 万册。布朗并不是小胜斯帕克斯，他卖出的书，比后者多出了令人难以置信的 10 倍。难道《失落的秘符》要比《最后的歌》好上 10 倍？这不太可能。有界是能力表现的固有属性，他们在销售量上的差别与能力表现毫无关系。但从另一个方面来看，这表明了成功是多么无界。

每个领域中都有超级明星

能力表现和成功之间这一关键的差别体现在成功第二定律中：

能力表现是有界的，但成功是无界的。

正如我们对能力表现的有界性这一属性的理解基于一个精确的公式，即钟形曲线，成功的无界属性基于一个不同的数学公式，我们称为幂律（power law）①。钟形曲线在到达峰值后会极其快速地衰减，完全不允许极端值存在。这就是为什么高尔夫击球的最好成绩是 1.919，而不是 10 或者 100。与此形成对照的是，幂律的分布有缓慢衰减的尾部，这意味着有少数超乎寻常的结果，这些极端情况在钟形曲线上是不可能看到的。

还记得前文提到的描述高度的钟形曲线吗？要是高度遵循的是幂律而不是钟形曲线，那么在这样一个世界里，我们绝大多数人都会成为精灵，身高不会超过几十厘米，但偶尔也会碰到很高的巨人，他们从 30 多米的高度俯瞰着这个世界。在这个拥有 70 多亿人口的世界，你甚至可以发现一两个罕见的、像魔鬼一样的人物，他们的身高至少有 2000 多米。

成功最能被接受的衡量标准是财富，而幂律可以描述财富的分布。它告诉我们，为什么世界上最富有的 8 个人，其财富总额比全世界收入靠后的 50% 的人加起来的财富还要多。[11] 幂律的衍生后果就写在“占领华尔街运动”的张贴栏中和网络迷因里。我们这些属于 99% 的人，默默无闻，人数众多，就像银河系里的繁星，没有明星人物的光芒和盛名。尽管如此，我们却构成了已知星系的绝大多数。超级明星仅仅是少数极其耀眼、能被人们看见的那 1%，他们掌握了富上加富之门的钥匙，收获着似乎取之不尽的财富。

罗森计量财富的维度只有一个，那就是钞票。当他这样的经济学家谈到超级明星时，实际上说的是超级富翁。任何经济学家都会告诉你，像你我这样的人进入超级明星行列的可能性不会很高，而在绝大多数同伴只能挣 10 万美元

① 幂律泛指 $y \sim x^{\wedge}(-\gamma)$ 这一类的相关关系，因为这个函数是一个幂函数，所以由此得名。由于幂函数的衰减比指数函数慢，所以容易出现极端值。——译者注

的运动领域里，泰格·伍兹是一个极端例子。无论是否渴望做一名商人、流行音乐歌手、职业运动员、艺术家，或者社会活动家，我们很容易得出这样的结论：无论我们的能力表现如何，超级明星并不在我们的掌控之中。

除非不以财富论英雄。成功并不仅仅涉及金钱，我们可以从多个角度衡量成功。一方面，财富可能会伴随着超级明星，但另一方面，成为超级明星并不需要财富。如果你瞧一瞧周围的人如何回应你的能力表现，超级明星就会开始向我们不断涌现，就像透过一架新的、功能更强大的望远镜所看到的闪烁的星云。我的意思是：你可能会成为备受他人尊敬的图书代理商、建筑师，或者工程师，但你成为亿万富翁的机会并不大。

我们可能倾向于仅从财富的角度去定义超级明星，不过，幂律有助于拓展我们对成功的界定。这大概是所有对成功学的探索中最令人着迷的结果之一：无论我们刚才谈到的衡量成功的标准是什么——影响力、出镜率、观众，抑或是受人崇拜，它的分布像财富一样遵循幂律。多亏了幂律，才使少数个体的成功比所有人高出了许多数量级。我们称他们为“极端值”。他们通常是具有杰出能力表现的人。但是就正如你在前文看到的那样，他们充其量比他们的同伴也就高出那么一点点儿。能够将他们和其他人区别开来的不是能力表现，而是他们的成功。因此，当在多领域探索成功时，我们认识到必须拓展对超级明星的界定，而迄今为止，其界定仅局限在经济学方面。

成功必须形成规模

史蒂文·温伯格（Steven Weinberg）是历史上薪酬最高的物理学教授之一。[12]他提出了一种理论，将电磁学和影响亚原子粒子的弱力统一起来，这也是爱因斯坦在其职业生涯中一直未能研究透彻的问题。作为这样一位物理学家，温伯格对科学的贡献是令人震惊的。他的理论引发了其他研究者的开拓性研究，包括发现“上帝粒子”，也就是希格斯玻色子。温伯格以优异的表现获得了优越的回报——得到了哈佛大学的教授职位，并在1979年获得诺贝尔物理学奖。

实际上，温伯格不只是一位聪明绝顶的科学家，他还是一位技艺高超的谈判家。1982年，得克萨斯州立大学奥斯汀分校试图将他从哈佛大学挖过去，提供的薪酬和他们的校长一样高。温伯格拒绝了。因为他要求薪酬和学校的橄榄球教练一样高。记住，这是得克萨斯，温伯格知道应该将重点放在哪儿。当他离开常春藤联盟学校来到西部，他的薪酬确实和橄榄球教练一样高，1991年，达到25万美元左右。对于象牙塔里的一位大学教师而言，特别是在那个年代，这是一笔前所未有的高额酬金。

尽管温伯格的薪水高得令人吃惊，但也仅仅是物理学教授平均工资的5倍。对比一下今天的商业领域，首席执行官正常的薪酬是普通雇员的271倍上下。[13] 如果温伯格是一位从经济学角度定义的超级明星，那他的收入应该超过两亿美元。温伯格挣不到那非同寻常的高薪酬，这也可以帮助我们理解超级明星的一个关键特征：**优越的回报来自能够被简单、廉价地传播的才能**。正如罗森说的那样："无论观众或是购书者是10人还是1000人，演员或作者都必须付出同样的努力"。[14] 换句话说，做一名经济学意义上的超级明星，你的能力表现必须要产生规模效应。

想一想大学的橄榄球教练，在1991年就能挣25万美元。[15] 他的才干能确保得克萨斯大学长角牛队赢得胜利，这是可以产生规模效应的，因为比赛的转播可以吸引数以百万计的球迷。因此，过去20年学校里的橄榄球队人气爆棚，教练的收入也随之暴涨，不需要他本人付出额外的努力。今天，得克萨斯大学的球队主教练一年可以挣500多万美元，高于学校其他任何雇员，比1991年同职位所挣的薪水高了大约20倍。根据公开的资料，温伯格现在的收入大约是57.5万美元，换句话说，他在受雇的这些年里，其收入也只是翻番了而已。

你很难对50多万美元不屑一顾，这是一份丰厚的薪酬。但是，温伯格的薪酬不能效仿橄榄球教练的也是有道理的。温伯格在大学里上课，所得的薪酬来自学费，但上他的课程的学生不多。[16] 2011 年，他开始为本科生授课，讲授物理学史，内容从希腊到弦论，也许最多也只有几百名学生能受益于他的才干。温伯格没有激情洋溢的粉丝身着光彩夺目的运动衫涌向他的课堂，没有人前呼后拥地追着听他的课，没有啦啦队在他上课时为他加油助威。如果我们从经济学角度去测量温伯格的成功，那就是，他的影响力没有形成规模效应。

温伯格的案例完美地诠释了超级明星的经济学定义是多么局限。事实是，温伯格是一位名副其实的超级明星，如果我们的衡量标准是科学影响力。科学影响力实际上像美元一样，也是可以计量的一种货币，比如他那篇介绍电弱相互作用的论文，使他在 10 多年之后获得了诺贝尔奖。这篇论文激发了数千篇其他论文，由此发展出了相关的开创性工作，将这一学科的研究推向前沿。我们知道这些，是因为这篇论文被其他科学家引用了 14000 次，这意味着有 14000 篇研究论文受到温伯格的研究成果的影响。[17]

科学文献的引用次数也遵循幂律，因此衡量科学上的成功与衡量商业上的成功并没有多少不同。成功在学术界同样也是无界的，只不过我们的测量标准不是金钱，而是科学影响力，测量的单位便是引用次数。大多数人的薪资不会特别高，论文的引用次数也是这样，无论我们多么努力、充满热情地投入研究，最后可能很少甚至无人引用。这意味着绝大多数的研究项目不为人所注意。而像温伯格这样的论文则是少有的例外，它们赢得了科学界超乎寻常的注意力，同时也为他赢得了超级明星的地位。这样的极端值提示我们，学术上的成功就像其他领域的成功一样，是无界的。

文献的引用在科学界起到了货币的作用，这句话并不是一种比喻。事实上，一篇论文所获得的每一次引用，都可能具有现实的金钱价值。也就是说，我们能够精确地计算出每一次引用的价值是多少。

谁想要猜一猜吗？

令人惊讶的是，在美国，一次引用的价值可高达 10 万美元。[18] 我们可以通过美国花在科研上的资金数额得知。美国希望这些资金能进一步推动各个领域的科学事业，从医学突破到产品创新，或者对宇宙的起源有新的认识。这些资金资助了论文，论文产生了引用，如果用资金数额除以引用的总和，我们就可以估量出每一次引用的成本。通过这种方式，我们可以将温伯格的超级明星身份转化为经济学家也能理解的数字。温伯格的一篇开创性的论文，在这些年里被引用了 14000 次，所产生的科学影响力价值超过匪夷所思的 14 亿美元。这几乎是 1967 年温伯格的发现所带动的一系列研究的总成本。

温伯格为什么能够产生如此巨大的影响力？如果我们问碧昂丝・吉赛尔・诺斯（Beyoncé Giselle Knowles）的歌曲为什么会有数以百万计的下载量，答案是相同的。成功的无界属性不仅仅涉及温伯格和碧昂丝。记住，成功涉及我们所有人，以及我们如何从能力表现中获得回报。我们在辛勤写作数年之久的文稿中引用温伯格的论文，我们当中有数以百万计的人下载并欣赏碧昂丝的歌曲。成功的货币多种多样，但有一点具有普遍性，那就是一个超级明星能获得的财富是没有上界的。成功是无界的。

成功的差距会在现代社会中进一步放大

从温伯格和泰格・伍兹的案例来看，超级明星的地位似乎是非凡才能带来的理所当然的结果。即便超级明星的能力表现具有必然的有界性，但他们能将自己与特定的群体区别开来，并得到相应的回报。我们同时还应记住，无论伍兹还是温伯格，他们都在各自的领域名扬天下，而在一定程度上，能力表现在这些领域中是可以计量的。

这同样适用于艺术领域，尽管我们在前文看到，质量和能力表现在艺术领域是不可能被测量的。如果分析艺术领域的数据就会发现，艺术上的成功是极其不均衡的。一方面，大多数艺术家在职业生涯中展出作品的次数不到 10 次，而有少数人则可多达上千次，安迪·沃霍尔则是上万次。

我们再想一想那些被认为是明星的超级明星，比如，流行歌手，他们的才能确实得到了观众的追捧。我们没有好的办法去区分，贾斯汀·汀布莱克（Justin Timberlake）的演唱水平是否优于一位在地铁站台唱歌的歌手。但很显然，汀布莱克的报酬会肯定地告诉我们，他确实是。[19] 他的粉丝遍及世界各地，而这种影响力对提高超级明星的地位极其关键，这是因为规模效应是幂律分布必不可少的元素。若想获得巨大的回报，你提供的产品必须能轻易地被复制。1981 年，罗森提出了超级明星的经济学理论，他预测，技术的发展将会进一步扩大超级明星现象，少数表演者将会拥有更多的观众。这些隐隐出现的人物，将同时进一步降低他们不那么知名的同伴的影响力。在当地酒吧表演的乐队和在电视上表演的乐队，业已存在的巨大差距将进一步扩大。

罗森是对的。1982 年，当汀布莱克只是一个小婴儿，还在某个地方的摇篮里呜呜哭闹时，1% 的顶尖流行音乐明星拿走了 25% 的音乐会票房收入。而如今，汀布莱克和他排名前 20 位的热门歌曲制作者同伴，掠走了总票房一半的收入。这不仅是因为过去数十年，人们在娱乐方面有了更大的消费，还因为在汀布莱克生活的年代，MTV、DVD 录放机、MP3 的兴起，以及网民的大量涌入，极大地扩展了他的观众和相应的回报。当汀布莱克和他那一群同样大名鼎鼎的音乐明星人物，比如泰勒·斯威夫特（Taylor Swift）、贾斯汀·比伯（Justin Bieber）、嘎嘎小姐（Lady Gaga），在我们的耳鼓中占有更多位置时，那些冉冉上升的后来者能获得的份额就越来越少了。[20]

在“占领华尔街”运动后，我们都意识到报酬中存在的不均衡性。财富遵循一种幂律分布，揭示了残酷的事实真相。少数个人富得流油，然而毫不夸张地说，世界上相当大的一部分人仍在忍饥挨饿。成功的无界属性背后的数字是由不公平铸就的。在大众的意识里，超级明星属于一个单独的社会群体，由极少数撞大运的人群构成。他们高高在上，触不可及。当他们真正出现在我们面前时，我们会小心拘谨，礼貌有加。如果我们碰巧在咖啡店里遇到他们，或在街上不期而遇，我们会记下这一激动人心的时刻，就好像奇迹降临在我们身上。我们会设法与他们建立联系，以抬高自己的身价。当我们转弯抹角地想引起他们的注意时，实际上也以一种微妙的方式，改变着我们自己的行为方式，影响我们获得成功的能力。

与超级明星竞争，他们会压迫你

泰格·伍兹不时向远处斜视，以测量他的白色小球与期望打进去的球洞之间的空间距离。他的身子在绿色的草坪上投下了一个长长的、轮廓鲜明的身影。他的竞争对手在场边徘徊，观察着奇迹的发生。我们也在等待着被震惊的那一刻。伍兹最令人难以置信的一部分表现在于他发挥的稳定性。在他职业生涯的前 10 年，他赢得美国职业高尔夫球协会举办的 279 场比赛中的 54 场，在 93 场比赛中位列前 3 名，在 132 场比赛中位列前 10 名。这意味着伍兹在所参加的比赛中，一多半都位列榜首或名列前茅。尽管他的能力表现是有界的，但他竖起了一个很高的标杆，激励大家去跨越。他的杰出表现也迫使每一位球员更加努力。

或许大家是这样想的。我们经常被告知，竞争对我们有好处，它使我们更敏锐、更有纪律。如果我们受到强有力的、更具竞争力的对手的挑战，我们的表现会更加出色。

但如果那个对手是超级明星，那会怎么样呢？我们是不是能从他们耀眼的星光中沾到一丝光彩呢？

还真的不是这样。事实证明，与超级明星同台竞技会带来相反的效果：它明显地降低了我们的成绩。多亏詹妮弗·布朗（Jennifer Brown），我们才知道了这一点。[21] 布朗是一位经济学家，她研究了超级明星对我们其他人的影响。她利用美国职业高尔夫球协会联赛十几年的数据，得出了一种戏剧性的心理威慑特征。比如，维杰·辛格（Vijay Singh）[①] 在联赛中和伍兹同场比赛，其表现会怎么样呢？以及当伍兹缺席比赛时，他的表现又是怎么样的？

研究发现，那些完全不被看好有希望对伍兹构成威胁的、排名靠后的选手，很少受到他参与的比赛的影响，但他似乎对那些排名接近的对手，也就是那些在高尔夫钟形曲线上界徘徊的选手构成了极大的威慑。他的超级明星光芒辐射到同场的顶级选手内心，对他们的成绩造成的负面影响远甚于其他任何因素。

我们看看布朗收集的数据。[22] 为了有资格参加锦标赛，高尔夫球手必须争取在第一轮比赛中晋级。当伍兹参加比赛的时候，排名前几位选手的成绩平均来说，比伍兹缺席比赛时要高 0.6 杆，也就是说表现稍差，因为第一轮的成绩在高排位的选手中起伏通常很小，因此这一数据足以引起人们的关注。

但这一效应在常规比赛和大型比赛中更加突出。与伍兹同场竞争的选手，最后成绩比平时要高出 0.7 ～ 1.3 杆。由于高尔夫球手的冠军和亚军之差经常少于两杆，这个效应基本上也就决定了比赛的胜利者。这一结果如此令人震惊，甚至产生了“泰格 · 伍兹效应”一词，来描述我们的能力表现如何受损于超级明星的出现。

与超级明星合作，他们会提升你

2008 年 4 月，泰格 · 伍兹接受了一次膝部外科手术，在短暂地中断比赛后，于 6 月重返赛场，不负众望地赢得了美国高尔夫公开赛，但他的痛苦表情显示，他的膝盖还未痊愈。第二次手术使他连续缺席了 8 场锦标赛。2009 年 11 月，伍兹的离婚事件成了家喻户晓的新闻，他再次休息了很长一段时间，

① 斐济高尔夫球选手。2004 年 9 月 6 日，在德意志银行锦标赛中，辛格超过伍兹，成为高尔夫球世界排名第一。2005 年 3 月，他一度失去第一的宝座，但是不久后夺回，在保持了共 32 周之后，最终被伍兹重新超越。同年 4 月，辛格被选入高尔夫球名人堂。——译者注

并向球迷和媒体宣读了一篇令人动情的致歉信。他 2010 年 4 月重新回到高尔夫赛场上时，已经错过了当年的世界高尔夫锦标赛和阿诺德·帕尔玛（Arnold Palmer）邀请赛。而在此之前，这两场比赛他都一直参加。

布朗将参赛者在伍兹缺席时的锦标赛中的能力表现，与他们以前在相同比赛场地的能力表现进行了比较，得出惊人的发现。[23] 当伍兹在手术恢复期时，他的排名前几位的竞争者的成绩不是好了一点点儿，而是有了大幅度的提升：平均少了4.6杆。这一次，即使是排名靠后的和未进入排名的选手都有了进步。当伍兹停止比赛，让个人生活重回正轨时，他的竞争者的锦标赛成绩提升了差不多3.5杆，这是一种相当令人吃惊的大提升。对个例的分析最为明显，比如，当与伍兹同场竞技时，维杰·辛格在 2007 年超出标准杆 15 杆；但在伍兹养膝伤的那一年，辛格的成绩低于标准杆 10 杆。无论我们如何看待这些数据，结论是一致的，伍兹的竞争对手是影响巨大的明星效应的受害者。

由此可以推测出，我们其他人也是如此。我们可以这样假定，在所有其他行业，都存在类似的泰格·伍兹效应，比如在商业界、学术界、政治领域以及艺术界。毋庸置疑，健康的竞争是有益的，但同超级明星竞争则完全不是。我们生活中经常会出现这样的情况，当某个大英雄或大人物来到我们面前时，我们会表现得手足无措、语无伦次，自信心就像扎了钉子的轮胎一样，一下子就底气不足；我们对上司的判断唯命是从，对他们的智慧和能力远超我们感到深信不疑；我们任由崇拜干扰对我们自己能力的客观评价。在耀眼夺目的光芒面前，怯弱是那样深深地根植于内心，以至于我们可能无法注意到，它产生了多么大的倾斜效应，使那些已经大获成功的人又锦上添花。假如维杰·辛格能够知道伍兹是如何削弱了他的勇气，在多大程度上影响了自己的能力表现，他一定会感到震惊。[24]

然而，记住这一点很重要，如果我们不是势均力敌的竞争对手，那么，同超级明星同台工作是大有裨益的。本章要传达的一个简单明确的信息对每一个人，包括团队成员、管理者以及招聘委员会都是有利的，那就是：与超级明星竞争，他们会压迫你；与超级明星合作，他们会提升你。

与超级明星竞争，
他们会压迫你；
与超级明星合作，他们会提升你。

Superstars suppress you if you compete against them, but they may boost you if you cooperate with them.

举一个例子，研究表明，当一所大学雇用了像温伯格那样级别的科学超级明星时，整个院系的科研产出能提高 54%。[25] 令人惊讶的是，这并不仅仅是因为超级明星自己的巨大贡献。平均而言，他自己的贡献只占院系总产出增加部分的 25%，而另外部分贡献来自他人，是超级明星的参与所产生的间接结果。超级明星是可以扭转乾坤的人，他们吸引新的雇员，而大家希望能在他们发出的光芒中感受温暖，吸取力量。这种效果似乎能长期持续——在雇用一位超级明星之后的 8 年里，产出量仍能持续保持在高位。

更令人惊奇的是，超级明星的离世对我们有同样重要的影响。[26] 在另外一项离职与在职的研究中，麻省理工学院教授皮埃尔·阿祖莱（Pierre Azoulay）问了一个可怕但又重要的问题："如果一位超级明星级别的科学家突然去世，这对一个研究领域意味着什么？"阿祖莱的研究成果告诉我们，这会对我们专业的成功或失败产生深远影响。在一位超级明星离世后，其合作者的产出率降低了 5% ～ 8%。这并不是因为突然离世而带来的转瞬即逝的混乱。这一现象不是暂时的，而是长期存在的，一直贯穿合作者的整个职业生涯。

这些都是基于泰格·伍兹效应的有趣的研究成果。我们会认为，超级明星会向他的团队投下一道阴影，阻碍了名望低于他们的同事的成长，就像一棵大树遮挡住花园里的阳光一样。因此，我们会想当然地断定，超级明星的突然消失会使竞技场更公平，使名望不是那么高的人有机会进一步发展。事实上，恰恰相反。合作者反而不能利用他们新获得的空间施展才华，超级明星的离去降低了余下人员工作的价值和声誉。

这说明了超级明星在科学上所起到的决定性作用。合作者依赖于他们受人尊敬的超级明星同事的卓越见识和洞察力，使自己的研究和职业生涯得到进一步发展。这也清楚地表明，为什么超级明星能获得高额的回报。

所有的超级明星都和你在同一起跑线上

还有一点值得记住，那就是所有的超级明星都受限于各自领域能力表现的上界。尽管他们在所从事的领域中非常卓越，但成功第二定律告诉我们，他们的能力表现和他们的竞争同伴也仅仅是咫尺之差。这也意味着，如果我们不把他们看成一种威胁，就像他们看待我们一样，我们还是有机会成功地和超级明星竞争的。我们可以想象，当泰格·伍兹向他身后宽阔的草坪斜视时，他似乎也在打量他的竞争者，他们看起来渺小，对他不构成什么威胁，就如同两岁孩童时的自己，但事实上，他们落后于他也仅在挥杆时的毫厘之差。

这对我们来说是一个好消息。如果我们知道能力表现是有界的，就可以提醒自己，我们是能够胜过超级明星的。如果我们能意识到因超级明星的光芒而影响我们能力表现的微妙心理因素，同时如果我们能记住，超级明星也和我们其他人一样都会有失败时，那么这些因素的影响力将不再那么强大。在感受到恐吓心理的同时，我们可以把我们的英雄看成是和我们一样的普通人。

布朗的一个最引人注意的研究结果是，它清楚地显示了，在泰格·伍兹“手热”和“手冷”期间，职业高尔夫运动员的能力表现也随之起伏。当伍兹的发挥特别出色时，他的超级明星效应就会极度膨胀，影响排名前几位选手的成绩大约两杆。与之相反的是，当伍兹手感“变冷”时，他的糟糕表现似乎提升了其他选手的信心。在他表现低迷期间，他参与比赛所造成的负面效应消失了。突然之间，伍兹也会出错了。伍兹赢得比赛不再是预料中的必然结局。

击败我们自己的不是超级明星，而是完全放弃希望。如果我们认为，我们那位处于劣势的候选人没有机会获胜了，我们很有可能就不会为他投票了；如果我们认为，另外一位申请人已经稳操胜券，我们就不太可能会去申请另一个职位；如果我们相信，房间里另外某个人对某一问题本质的理解比我们好得多，我们可能就不会大声地讲出自己的看法了。但如果我们假定，我们是在同一起跑线上参与竞争，就有很大的可能会获得成功。

The Formula

The Universal Laws of Success

击败我们自己的
不是超级明星，
而是完全放弃希望。

Hopelessness, not superstars, is what’s so defeating.

还记得皮埃尔·阿祖莱的研究成果吗？他发现，当一位学术超级明星去世时，会导致他的合作者的论文发表率降低。这似乎表明，那些取得超级明星地位的人值得我们敬畏。但他随后的分析令那些失意者和创新者欢欣鼓舞。[27] 在超级明星的离世所激起的涟漪中，阿祖莱发现，在超级明星的学科专业里，那些非合作者科学家，也就是超级明星在世时从未一道共事的研究者，在他离世后论文发表率有 8% 的平均增长率。这些新晋的高产科学家是局外人，通常是年龄更轻的研究者，他们在明星光辉笼罩的空间里努力地开拓前行。而超级明星一旦离去，他们就能够质疑他们研究领域现存的教义，走出巨人“歌利亚”①的阴影。

在巨人歌利亚时代，当首席执行官、流行音乐明星以及法人收获不均衡的回报时，我们需要相信，世界上的这些“大卫们”仍然能够与之争胜。我们一定能行，如果我们能时常提醒自己，成功第二定律具有普遍性。如果我们牢记，就能力表现而言，超级明星并不是极端值，我们就可能消除伍兹的影响，克服身上的自卑感，增加我们取胜的机会。我们可能会信心满满，开拓创新，将充满创意的思想提到桌面进行讨论，而不必质疑我们是否有权利那样做。

如果成功第二定律能给我们带来什么启示，那就是，超级明星也可能会出差错。他们身居高处，摔下来时更为沉重，比如，一则丑闻便使他们一生的美誉荡然无存，科学界也不乏这样的事例。[28] 如果一位超级明星行为不端、研究结果作假，或者剽窃别人的成果，由此带来的惩罚比名望较低的研究者要严重得多。人们不仅会质疑他的研究工作，他的总体研究成果的引用量也会减少 20%。如果超级明星代表了能力表现的铁律，那么，仅一条丑闻就可使他的诚信严重恶化。在一个缺乏客观地度量能力表现的世界里，仅仅一次可证实的失误，便足以使我们轻易地发现，原来皇帝是一丝不挂的。

---

① 传说中的著名巨人之一，拥有无穷的力量。歌利亚带兵攻打以色列军队，连续 40 天，每天两次向以色列人讨战，但最终被大卫击败。大卫日后统一以色列，成为著名的大卫王。——译者注

高尔夫球界就有一个真实的例子。泰格·伍兹在球场外声名狼藉的失检行为，使他在场上的表现黯然失色，为此他付出了巨大的代价。当他的不检行为暴露在光天化日之下，他经历了一场可以被称为公共耻辱的惩罚——频繁地、不留情面地披露他的个人缺点和不端。在出事后的数年中他所承受的媒体审查表明，我们对超级明星的期待有多么大，而当他辜负期望时，对他的惩罚就有多么大。

“伍兹的整个身份认同和自我意识被丑闻剥夺了。羞耻是人类情感中最猛烈、最具破坏性的情感之一，他在那之后就一直深陷其中。”艾伦·西普纳克（Alan Shipnuck）在《高尔夫》（*GOLF*）杂志上的一篇文章提道：“在他的全盛时期，伍兹可以击出任何难度的球，推杆也比其他任何人完美，但将他和其他所有人区别开来的是他的情感和理性。他对自己的信任是绝对的、不可动摇的……成功带来更大的成功。但现在所有这些已经一去不返了。”[29]

伍兹就好像被以前的自己完全遮掩住，已经黯然失色了。

我们如何一举成功

成功第二定律——能力表现是有界的，成功是无界的，完美地诠释了能力表现和成功之间的不均衡关系，但它不能为我们揭示不均衡的根源。当我在众多的领域用图表描绘成功时，我反复地观测到幂律的分布。它告诉了我有关成功的无界属性的一些重要事实。同时，每一份图表又似乎在强化那句古老的格言：命运是不公平的。幸运的是，成功第三定律将帮助我们厘清那些神秘的机制，正是这些机制产生了我们在生活中的每一天里感受到的动力。为什么超级明星在一个又一个领域里占据支配地位？我们究竟如何才能一举成功？

有一种方法就是，玩一场有关猫咪拆除原子弹引信的纸牌游戏。

THE FO

The Universal Laws of Success

巴拉巴西
成功第三定律

初始的成功 × 社会适应度 = 未来的成功

The Third Law: Previous success x fitness = future success.

RMULA

成功第三定律可以显示优先连接这一微妙现象是如何操控成功的，从请愿的受欢迎程度到儿童的阅读理解。当社会适应度和社会影响力共同作用时，成功就没有边界了。

06

爆炸猫和马甲

Exploding Kittens and Sock Puppets

如何
启动你的成功

艾伦·李（Alan Lee）源源不断地收到电子邮件，蜂拥而来的信息使他的邮箱账号停止工作了。陌生人寄来了气球动物、塔克拉特毛绒玩具以及司法威胁。《福克斯》新闻记者在未经通报的情况下，出现在了他家门口。当女记者一屁股坐在他的书桌上时，即使是在自己的房间里，艾伦也一下子感到晕头转向。于是，他为女记者草拟了一份谈话要点，当摄影机开始朝他录像时，他手握这份要点，就像握着一个临时拿来凑合的提示卡片。

- 众筹计划在三天前发起；
- 竭力为“爆炸猫”[1]纸牌游戏筹集资金；
- 在前 8 分钟内便达到 1 万美元的众筹目标；
- 现在已经筹集到 300 多万美元。

爆炸猫是艾伦在两位朋友马修·因曼（Matthew Inman）和谢恩·斯摩尔（Shane Small）的帮助下构思出来的纸牌游戏，从表面上看似乎有些荒诞不经。

纸牌上绘有猫的图像，它们走过键盘时能够引爆原子弹。这些猫的恶毒用心只能用激光笔、山羊巫师和猫薄荷三明治（游戏里的 3 种拆弹卡牌）来消除。这个游戏就像一个没有恶意、带有娱乐性质的俄罗斯轮盘赌，但需要用策略设置各种陷阱。

艾伦和朋友将这个设计发布到 Kickstarter① 众筹网站上，筹集了 1 万美元来印刷纸牌。他们用一个月的时间来筹集资金。当在 8 分钟之内便达到众筹目标时，他们兴高采烈；当众筹到 10 万美元时，他们简直欣喜若狂；当达到 100 万美元时，他们惊得目瞪口呆；而当资金抵达 200 万美元的关口时，他们感到恐惧了。艾伦在计算机显示屏上贴了一张便利贴，以遮挡众筹网站上滚动显示筹款数目的计数器。“你甚至产生一种感觉，仿佛来到了高高的悬崖边…… 望着前面的虚无空间，似乎有东西在拉拽你。这并非因为你想自杀或者其他什么事情，你不想有什么厄运发生在你头上，但你会想‘要是真的发生，该怎么办？’”艾伦嘲弄着说。他指着众筹项目网页，继续说道：“在左下角有一个对话框，上面显示‘取消筹资’，我每天都盯着它。”这是 2 月初，自众筹开始仅过去 12 天。

当众筹时间结束，密集发射而来的弹雨最终慢慢减弱时，艾伦和他的朋友从 20 多万名支持者那里筹集的资金总共达到 880 万美元。

从表面上看，爆炸猫和其他任何满怀希望筹集启动资金的项目一样。艾伦也和其他创业者一样，手指交叉②，祈祷能达到他所期望的筹款目标。

除非他和其他创业者不一样。

艾伦可能并没有预见到，金钱会像瓢泼大雨一般倾泻而下。但事实上，有很多迹象预示着成功就像五级飓风一样正朝他呼啸而来。有那么多人把他们辛

① 于 2009 年在美国纽约成立，网站进行公众募资以为人们进行创意项目筹集资金。——译者注

② 在西方文化中，食指和中指交叉的手势往往被用来祈祷好运。——译者注

苦挣来的血汗钱，投向已经获得足够资金的纸牌游戏，这确实有些奇怪。但当艾伦推出自己的网页为他的项目筹资，他就有了一个秘密武器。当然，这个武器不是一颗被猫咪拆除引爆装置的原子弹。这个秘密武器帮助他走向了成功。我们很快就会发现这个武器究竟是什么，但是现在，我们先探讨一下，为什么有那么多项目在最初未能吸引人们的注意。换而言之，究竟是什么力量让像爆炸猫这样成功的众筹项目直冲云霄。

成功带来成功

爆炸猫的横空出世使人觉得成功几乎唾手可得，但真相是，Kickstarter 有多达 70% 的众筹项目失败了，填满了众筹网站的“坟场”。[2] 比如，小城镇的重金属乐队，他们没有能力录制期待的专辑；举步维艰的网络情景喜剧，无法筹集资金来拍摄下一集；已经有经营计划的炸鸡烘饼快餐车，依然无法开张。乍一看，很难准确地判断出艾伦和其他满怀希望的人有什么区别。他们同样是寻求种子基金，在社交媒体上一而再、再而三地提醒他们的朋友，去点击“喜欢”，去“分享”；当期限临近时发出请求，希望能在最后关头拉兄弟一把，但最终还是在互联网上永远地消失了。面对真诚而又热切的创业者制作的海量、看起来非常专业的视频，究竟是什么影响我们最终决定去点击或者不点击“集资”按键呢？

我们在荷兰裔实验社会学家阿努特·范·德·里特（Arnout Van de Rijt）的研究中找到了答案。他年少时曾是一位优秀的单簧管演奏者，年复一年地把当地举行的古典音乐比赛的头奖捧回家。虽然获胜成了家常便饭，但他知道，他的一些竞争者，比如他的朋友——一位钢琴演奏者，比他更有才华。单簧管是一种生僻的乐器，大多数真正有天赋的小孩都会去学钢琴或小提琴。具有科学家潜质的他开始好奇，是不是他选择的乐器的稀有性在他不断获得成功的过程中发挥了作用？这些问题促使他致力于探索成功在各个领域里是如何发生的。

以里特用 Kickstarter 网站做的一个实验为例，这个实验能对促使爆炸猫直冲云天、一鸣惊人的力量提供一些线索。里特在 Kickstarter 上随机选择了 200 个新的众筹项目，它们的集资记录显示为醒目的零美元，就像一位少年大学生在一系列不良财务抉择之后，ATM 机收据上呈现的数字那样。[3] 里特向其中一半的项目捐助了少量的钱，另外的一半则置之不理，把它作为实验的对照组。然后他开始观察这些项目即将开启的命运。诚然，没有哪个项目的筹款数目可以像李经历的那样，出现闪电般的迅猛提升，但里特发现了非常引人注意的地方。那些收到他第一笔捐款的项目，在吸引进一步捐助的概率上增加了两倍多。这意味着，他所青睐的项目，虽然是盲选的，在能力表现上远远超过他选择放弃的另一半。

里特个人并不认识这些请求投资的人，他也并没有觉得他们的视频非常具有说服力，或者他们从事的事业极有价值。他的捐助也起不到什么实际意义，就相当于某人向街头音乐家的吉他盒里随意扔进去的几张钞票和零散硬币。然而，他随机的捐助似乎预示着这些项目将会取得成功。

里特所观察到的是我们在一系列领域里一遍又一遍看到的现象：成功带来成功。换句话说，那些被认为是成功的人，无论它们的能力表现如何，会吸引更多的成功。这在科学文献里被称为“优先连接”（preferential attachment），是我在 1999 年创造的一个术语。那时我努力想解释，为何像谷歌这样的网站能获得上百万的链接，而在内容和服务方面都很有吸引力的数以十亿计的其他网站，还在艰难地争取那可怜的一点点儿知名度。优先连接就是在那次研究中得出的一个概念，它向我们解释了富者越富、名人造就名人、成功带来成功的原因。

在过去的一个世纪里，这种锦上添花的现象在从物理学到经济学的各个学科领域的文献中都有记载。社会学家罗伯特·默顿（Robert Merton）所称的马太效应[4] 则来自这句话：“凡有的，还要加倍给他，叫他多多益善。”这意味着，优先连接的基本概念早在 2000 多年前就已经很明显了。

我们将优先连接放在我首次目睹它发生的环境中去观察：互联网，这个由超过 30 亿个网站组成的庞大复杂网络。互联网上的每一个网站都可以通过统一资源定位符（URL）来浏览，我们只需一个点击，便可以从一个网页浏览到另一网页。由于它是开放的，而且提供广泛多样的服务，因此被一次次地赞为民主的最终平台，为每一个网站的繁荣发展提供平等的机会。但这并不是真实的，而且从来也不是。我们发现这一点是在 1998 年，那时我们使用一个自制的早期搜索引擎，第一次映射部分网页。这个搜索引擎与谷歌创始人拉里·佩奇和谢尔盖·布林在同时期拼凑起来的相比，并无二致。

我们揭示了迅速发展的互联网中一些令人惊奇的现象：互联网完全不是一个所有声音都能被听到的、平等的网络系统。[5] 与此相反，绝大多数网站实际上被湮没在其他网站之间的链接中，无人能看到，而只有少数网站，比如谷歌、亚马逊和脸书，才成为核心网站，因优先连接而吸引了亿万链接，并不断扩张。搜索引擎的算法倾向于通过网站与网站之间的链接数对网站进行排序。一个网站连接进来的链接越多，就越容易通过网页浏览和搜索引擎的排名找到它。结果是，你的链接越多，就越有可能收获额外的链接，增加你在线的可见度。通过用“网站”来代替网络系统中的其他任何事和人，比如好莱坞演员、房地产经纪人、玩具制造商，甚至是神父，你就可以感受到优先连接是如何深刻地改变我们周围的世界的。

举几个基本的例子来强化一下这一观点。

- 一位房地产经纪人有越多的委托人，就会有越多的委托人被推荐给他。这也是为什么起步经营会如此困难的原因。
- 一位演员如果在一部影片中赢得喝彩，就可以继续得到角色。在开始的时候，他可能只有一个客串镜头，但随着他的面孔更多地出现在荧屏中，导演和制片人将会更多地安排他进入新的拍摄计划。

有了优先连接，才有了像泰格·伍兹和贾斯汀·汀布莱克这样的超级明星所经历的那种滚雪球似的成功，使他们成了各自网络的枢纽。若是成功如能力表现一样有界，那么他们的粉丝群就会有上限。但就像艾伦如暴风骤雨般滚滚而来的捐助所证明的那样，这个上限是不存在的。虽然爆炸猫的一举成名反映了成功第二定律描述的成功的无界属性，但是制造这些核心或超级明星的推动力则是优先连接——成功带来成功。事实上，这个概念是取得超乎寻常的影响力、回报和可见度的必要和必然条件，是把超级明星推向那令人眩晕的高处的神秘力量，在那儿，艾伦被幻觉引诱，差一点儿跳了下去。

优先连接，成功就是滚雪球

我的一个朋友卡丽带着她一个月大的儿子去医院做常规检查。可怜的小家伙被放置在看起来像面包计量秤的托盘上，朝他妈妈睡意蒙眬地眨着眼睛。就诊进行得很顺利。卡丽站起身来准备离开，将婴儿一层层地包裹好，以抵御路上的风雨。这时，医生很奇怪地递给她一本黑白的儿童读物，封面是一只兔子的图画。“一定要每天读给他听。”医生说，好像是在解释一瓶药的服药计量。

这看起来很好笑，医生确实是将书本作为药剂开在处方里。卡丽的故事经常使我想到“这就是美国人”。即使我在美国已经生活了数十年，仍会时不时地碰到这种情况。但这一次我的感受尤为深刻。儿科医生办公室发的书是一个重要的提示，锦上添花现象是如何从一开始就深深地支撑着我们的生活的。

如果我的儿子出生在一个没有几本书的家庭里，父母也不是爱读书的人，那他生命最初几年中能接触到的阅读材料，可能就是去医生那里看病时得到的那几本书。一个没有阅读习惯的小孩，可能在他长大一点儿后也不会读多少书。接触到的词语少，他所形成的语言理解能力也会变低。当他一个年级一个年级地往前走时，读写能力的基础将越发不牢固。

这是一个令人沮丧的反馈环。[6] 研究表明，中学里最没有积极性的阅读者一年只阅读 10 万字。比较一下普通中学生的阅读量，大概是 100 万字，或者像我女儿伊莎贝拉一样少有的阅读者，经常会从自己超大的书包里拖出令人侧目的大部头书，她一年的阅读量多达 1 亿字。她在暑假中会认真阅读相当于一个图书室藏书的量。她有时间去实践和构建她的阅读技能，能够使用广泛、生动的语言去表达她的思想。她从一年级起便不断受到老师的表扬，她接收到的认可使她进一步获得认可。知识生成知识，技能孕育技能，专长增强专长。它们的每一项都导向成功，而成功就建立在成功自身之上。

The Formula
The Universal Laws of Success

知识生成知识，
技能孕育技能，
专长增强专长。
它们的每一项都导向成功，
而成功就建立在成功自身之上。

Knowledge breeds knowledge, skill breeds skill, expertise breeds expertise. And each of these leads to success, which builds on itself.

所以，优先连接扩大了教育富有者和教育贫穷者之间的差距，并在他们的有生之年像滚雪球一样持续扩大。这表明，那些生来就有平等机会读书识字的孩子（至少理论上是这样），和那些因为输在了起跑线上而永远也追赶不上的孩子中间存在非常大的差距。

根据我对优先连接的认识，我们必须呵护自己的成功，从一开始便对我们的计划进行引导。在没有剧本或者指南的情况下，这说起来容易，做起来难。如果成功在某一领域的不断增长取决于我们已经取得的成功，那么我们从一开始应该如何做才能成功？我们如何去培育优先连接？那位房地产经纪人究竟是如何淘到了第一桶金？

这是我们大家熟悉的“第二十二条军规”[①]。一名大学生申请了一份在家乡的小餐馆做服务员的暑期工作，被匆匆叫来的经理向她问道：“你有做服务员的经验吗？”她是一位诚实的女孩，于是坦白地说，没有经验。“抱歉，我们需要有工作经验的人。”经理转头向她说完，便急匆匆地离开去煮新鲜的咖啡。在去停车场的路上，她感到失望和茫然，差点儿哭出来，自言自语地提出一个先有鸡还是先有蛋的问题。“我究竟应该怎样做，才能从没有经验到获得经验呢？”

是真的优秀，还是只是资源深厚

已经有强有力的证据表明，每一次我们看到轻易而来的成功，比如超级明星、核心人物、超级富翁，优先连接都发挥了作用。但在这种乏味的、机械的解释下，有一个关键问题挥之不去。倘若优先连接植根于更基本的要素中，比如才华或特权的变化，或者一位幸运儿生来就享有的社会优势，那又会怎么样呢？也就是说，那些不断取胜的幸运者之所以成功，是因为他们确实更优秀，还是因为他们一直具有更深厚的资源？

这些十分重要的问题促使里特进行了另外一次实验，这一次他转向维基百

① 来自美国作家约瑟夫·海勒的长篇小说《第二十二条军规》。“第二十二条军规”规定，只有疯子才能获准免于飞行，但必须由本人提出申请；而你一旦提出申请，恰好证明你是一个正常人。“第二十二条军规”还规定，飞行员飞满 25 架次就能回国；但规定又强调，你必须绝对服从命令，否则就不能回国。因此，“第二十二条军规”被用来形容自相矛盾、不合逻辑的规定或条件所造成的两难困境。——译者注

科。[7]维基百科上的文章是由匿名编者，就像你我这些愿意为某一个选题提供专业知识的人合作写成。对于那些不经常向这个网站供稿的人，他们可能并不知道，如果他们编写的文章被认为特别优秀，任何使用者都可以提供虚拟奖励给编者。这个奖励本意是发扬“Wikilove”（维基爱）这一概念，网站将其定义为“社区精神和维基用户的相互理解”。维基百科把这个奖励称为“谷穗五星”，可以由任何注册为编者的人发送给任何其他人。没有评判员来决定谁最应该得到奖励。

因为谷穗五星奖是颁发给向维基百科长期大量供稿的编者的一种荣誉，里特首先找出所有编者中最活跃的 1%，大概总共有 2400 人。然后，他随机地在这些忠实的“维基虫”里选择了 200 人，再将他们分成两个组，同样是随机的，每组 100 名编者。无论出于何种考虑，这两个组人员的能力均相差无几、难分高低，他们对维基的贡献也不相上下。就这样，里特的实验开始了。

这些编者不知道，里特将他们其中一组指定为成功组，而任由另一组自己挣扎前行。为达到此目的，他任意地选取一组，奖给组里的每一个人一颗谷穗五星，同时拦截了另一组人的奖励。从本质上来说，他创造了两个平行的宇宙，其区别仅体现在一个方面：一组人对网站的贡献得到公开承认，而另一组则没有。随后，里特便坐在一旁观察之后会发生什么。

决赛选手都是难分伯仲的

获奖者确实变得忙碌了起来。事实上，他们在维基百科上的产出，与没有获得奖励的对照组相比，跳跃性地增加了 60%。他们也变得更加积极主动。不过，最显著的发现还是这一点：在里特观察的这三个月里，在他奖励了谷穗五星的人中，有 12 位最终从其他维基用户那里又获得一个或多个谷穗五星；而在对照组中，仅有两位编者收到额外奖励。那些从里特那里收到第一颗随机的谷穗五星的人，成了“可资奖励者”，他们更有可能从其他人那里获得第二次、第三次奖励。

我们很容易把这一切都归因于简单的奖励驱动。比如，谷穗五星提升了编者的努力程度，由此带来成功。赢得奖励使编者建立信心，这教会我们如何去取胜，提高我们的认可度并带来资源，酝酿进一步的成功。但里特的实验的可贵之处就在于，他能够排除这种可能性。是的，从一组的整体结果来看，谷穗五星的接受者提高了努力程度，但那 12 位获得两倍、甚至三倍奖励的编者，并没有比他们同组的成员展示出更大的产出。更重要的是，实验结果告诉里特，驱动已经获奖的编者继续获得大量奖励的动因，并非是才华、质量，或者奉献。通过随机选择小组，他避开了这种可能性。实验将努力和才华排除在考虑之外，这进一步表明，无论能力表现如何，奖励都会带来进一步的奖励。成功会衍生成功，确实就这么简单。

与补助金、奖学金，或者升职比起来，维基百科的奖励看起来微不足道，更像是小学一年级老师发给勤于阅读学生的金色五角星。但我自己也目睹了职场中发生的与其一模一样的现象。一位“里特式”的人物将奖励授予一位当之无愧的同事，助他踏上不断成功之路。在我能想到的每一个案例中，这份荣誉似乎都是合理的，我也非常高兴地看到获奖科学家得到认可。

本来是想将爱分散到周围，但是相反的情况却发生了：这位已经得到认可的同事开始获得更多的奖励。若想提名一位荣誉在身的科学家获得另外的嘉奖，真是一件轻而易举的事情。他那令人赞誉的历史，不仅仅建立了自己的信心，而且也增加了我们对他的信任。奖励降低了人们对他优点的疑虑，而他随之而来的成功又证明了当初的奖励是受之无愧的。

成功第二定律对能力表现的支配，使竞争者很难与其他竞争者区别开来。那么记住，诸如“可奖励度”这样的因素，能够驱动我们的成功。我禁不住会想到，伊丽莎白女王国际音乐大赛的评委实际上与里特并没有多大的不同。在评选出了进入决赛的 12 位选手后，他们实际上是随机地挑选了一位演奏者，授予一个大奖，开启了他的成功之道。我并不是在这里凭空推测。发现竞赛偏差的研究团队已经证明，获胜对于一位音乐人的职业生涯来说非常关键。[8] 他们是通过分析每一位演奏者在竞赛之后的数年间，录制唱片的数量而得出的结论。他们还查阅了哪些演奏者位居英国留声机经典目录榜，或者法国版的唱片经典目录《音叉》（*Tuning Fork*）的榜单。因为这标志着他们在古典音乐方面已占有一席之地。这个研究团队还同时调查了音乐评论家对每一位音乐人赛后成就的看法。研究者要求音乐评论家做出 0 ～ 4 的等级排序，包括对参赛者今后职业发展的看法。

研究表明，伊丽莎白女王国际音乐大赛中的高位排名，以及伴随而来的可见度，塑造了音乐人的成功。一旦这种情况发生，优先连接便开始了连锁反应，将他们推向新的高度。比赛中获得高分的音乐人不仅更有可能录制他们的作品，而且还会被列入唱片目录中，得到评论家的赞美。如果你相信决定他们比赛排名的唯一指标就是才华，这当然说得过去，但我们知道，进入决赛的选手都有才华，而且难分伯仲。是偶然性和偏向性造就了最终的排名，就这么简单。然而那些被挑选出来被授予大奖的人，即使是随机授予的，也由于优先连接而获得了重大、经久不衰的好处。一位获奖的音乐人成了可资奖励的音乐家。

驱动成功的是初始的成功

这一现象有一个“社会学证据”特征，你可以和朋友在农贸市场中让其呈现出来。如果你让朋友在一家商贩的摊位前，表情热烈地拥作一团，过一会儿就会发现，这里开始排出一列队来，就像有魔力似的吸引其他人也加入进来。这个摊位售卖的胡萝卜可能并不比路对面的更美味。正是热切的顾客们叽叽喳喳的嘈杂声吸引了其他人的好奇心，想看看这些群人究竟在干什么。那些胡萝卜似乎一下子变得更鲜、更脆、更甜，它们呈现的橘红色也似乎比我们轻轻松松就能从旁边摊位上买到的更鲜艳，我们不想错过。

优先连接构成了我们大多数决策的基础，从我们要买什么产品到支持什么事业，无所不包。当我们受到朋友的鼓动在社交媒体上为某项请愿签名，优先连接就开始起作用了。无论我们最初是否在意，但如果有很多人都在暗示我们，我们就更有可能去做这件事。当相同的请愿第四次、第五次出现，有很多朋友都分享了这条信息，并签了名，我们最终也许就相信了它的价值。这肯定是一项很重要的事业，它对我的许多同伴关系重大。

> Change.org 网站就是这样一个典型的例子。这是一个在线服务网站，用户只要点击几下鼠标，就可发起一项请愿运动，超过 3 亿次的个人请愿就是以这种方式产生的，涉及的问题从地方到全球、从平凡到极端，非常广泛。只要签个名，我就能请求为我的社区青年中心继续提供资金，或者要求选举团改变某项选举结果。我也可以要求禁止网站上的亵渎语言，或者敦促州长同意宽恕一名死刑犯。虽然有一些请愿能收到上百万的签名，特别是那些世界性的大事件，或全国性的新闻事件，但绝大多数请愿仅仅只有几个签名。

一个请愿项目如何才能获得可见度？里特对此非常好奇，为此他再次设计了一项实验。他选择了 200 个早期项目，给予随机选择的 100 个项目 10 来个签名。现在，你可以预测他会有什么发现：优先连接甚至在意识形态场景中都会起作用。里特随机支持的项目积累更多签名的可能性，大大超过被他冷落的项目。这意味着，即使我们遇见一个潜在的、在政治或伦理上极其重要的问题，比如有关公正的问题，一个不公正的机制也在发挥作用。我们可能认为，这些请愿是推动民主的一种方式，但里特所发现的则是，虽然所有的项目都是平等地启动，但驱动它们后期成功的因素不是项目的道德紧迫性，而是它们之前的成功。我的 Facebook 通知里也有大量的请愿信息，包含许多各不相同的主题，但我只在很少的情况下会给它们签名，通常是当这些紧迫的问题也是我特别感兴趣的时，例如要求一个暴虐的政权释放一位被关押的科学家，或者呼吁大学免受政治干预。我之所以点击签名，是因为我在乎。虽然这是一个我认为涉及个人和隐私的决定，但也只有大家都关注的事件才能进入我的通知平台。这并不是因为我不喜欢其他项目，我可能会喜欢，但没有人提示我需要去关注它们。这些就是最初缺乏助推的项目，优先连接还没有激活到能让我注意到它们的程度。

作家的成功：马甲真的有效吗

“我真的不需要对这本书的情节再说些什么。”尼哥德默斯·琼斯（Nicodemus Jones）在亚马逊书评中针对《默默地我相信天使》（*Quiet Belief in Angels*）这本书写到。[9] 该书为英国作家罗杰·埃洛里（R. J. Ellory）所著，是一本刚出版的神秘小说，只能通过提前预订才能买到。“我想说的是，书里边有些段落和章节突然让我停了下来。一些地方令人胆战心惊、不寒而栗；一些地方宛如脱缰的奔马；一些地方极富诗意、让人深陷其中，你得读上两次、三次，才能真正欣赏到语言的深邃……这真是一本了不起的书。”琼斯继续写道。

我自己也是一位作家，这样的反馈我会很愉快地接受，尤其这碰巧还是该书在亚马逊网站的第一篇书评。要知道，这样一种坚定的初始认可，对小说未来的成功是多么关键。在人们还没有欣赏到这本小说的磅礴气势之前，琼斯用这篇早期发表的可靠评论，启动了《默默地我相信天使》的成功。就像里特施舍出去的穗谷五星一样，琼斯慷慨的反馈为小说后来的赞誉提供了必要的、积极的动力。

这并不是说，埃洛里就需要额外的赞美。这是他的第 5 本书，他已经有了忠实的粉丝团，他先前的两本书曾获重要奖项的提名。但无论如何，任何新小说都需要热情洋溢的读者群来提高销量。缺乏最初的坚定认可，《默默地我相信天使》

就可能会像其他许多有价值的精心杰作一样，在无人注意的角落里冷落消失。如果换一种情况会怎么样呢？比如琼斯认为它只是“没完没了、千篇一律的警探小说中的一本，在英国这样的书多不胜数”，这是他为斯图亚特·迈克布里德（Stuart MacBride）所著的《黑血》（*Dark Blood*）写的评论。这样一种严厉尖刻的初始评价应该会让《默默地我相信天使》为生存而艰苦战斗。而现在，这本新书在全世界已经连续售出了100万册以上，成了埃洛里最成功的一本书。

这些隐形的早期人物可以在一个新项目的成败上发挥超乎想象的重大作用。我喜欢将里特想象成科学界的小叮当，他隐匿地向互联网的一个隐秘角落洒出一缕仙尘。里特实验中不知情的参与者从他的干预中获得的利益远超他们可能意识到的。如果他们知道自己后期的成功，是里特最初刻意助推的直接结果，我想他们定会大为震惊。同样，当埃洛里收到这样一篇赞美有加的初始书评时，我能够想象到他内心强烈的满足感。

除非埃洛里一点儿也没感到震惊。人们肯定没有料到，埃洛里和他狂热的支持者琼斯，竟会是同一个人。琼斯是埃洛里的笔名，一个他用来赞美自己作品、贬损竞争者作品的名字。借助这样的虚假身份，他为自己写下了高唱赞歌的书评。专门有一个词用来描绘这种道德上不正当的行为——马甲（sock puppet）。实际上，这种行为比你能想到的更为普遍。在最近几十年，互联网使这种伎俩更加容易得逞，而无数的创业者都使用过这种计策。出于显而易见的原因，我们仰慕的作家为了推销他们的书籍，竟会卑鄙到使用欺骗的手段。这实在令人悲伤，但更令人悲伤的是，这种手段居然这么行之有效。因为我们在挑选一本书时，首先查看其他人是否觉得这本书对得起他们的时间。里特的实验告诉我们，初始评论所起的作用至关重要，是它们启动了成功。

使用“马甲”真的奏效吗？当我们做任何决定时，从购买真空吸尘器到入住旅馆，都需要依赖评价和评论。我们理所当然地认为这套系统是准确、公正和可靠的，但使用“马甲”的行为对此提出了严肃的质疑。如果我们能够这样容易地操纵评价系统来利己损人，那我们就应该警觉起来。琼斯赞美有加的评论能够提高一本书的成功率吗？他诅咒的书评又会扼杀一本前景光明的新书吗？

> 希南·阿拉尔（Sinan Aral）是计算社会科学领域的新星之一，他设计了另外一个聪明的实验来回答这些问题。他是这样做的，操控一个大众新闻综合网站中评论的“上行票”和“下行票”。[10] 上行票是指其他用户投的赞同票，认可富有远见的或有用的评论；下行票则是指向多余、无关，或者不恰当的评论。当阿拉尔对一条评论给予初始的上行票，毫无悬念，他发现该条评论随后更有可能得到上行票。实验再次表明，成功衍生成功。

但我最好奇的是这个问题：当阿拉尔对一条评论人为地给出下行票，而无论这是不是该条评论的真实反映时，那会发生什么情况呢？一条初始的负面评论会不会导致优先“分离”，使该评论迅速沦为垃圾？像埃洛里这类人能够用恰逢其时的负面评论真正扼杀他们的竞争者吗？

阿拉尔的发现出人意料地鼓舞人心。在任意地给一条评论下行票后，他并没有看到持续的负面评价。优先分离并不存在。反之，在一段时间之后，网站的其他用户按部就班地给了上行票，对批评进行了纠正，最终抹去了阿拉尔的逆向影响。理智占了上风，负面反馈被消除。

虚拟世界可能令人深深地感到世人的冷酷无情，比如读一读不同网站的各种评论栏，就能对人们彼此间不人道的行为感到厌恶，但阿拉尔的发现则令人感到欣慰。在虚拟世界里，洒出一缕仙尘的里特式小叮当，比“马甲”使用者更有魔力。这个世界的“里特们”可能会造成一些个别的混乱和破坏，但可能比他们所希望的影响力要弱。一个初始的好评对成功至关重要，但一个初始的差评并不一定会带来额外的嘲笑。优先连接是喜事和善行的推动力量，它拒绝为那些用它来搞歪门邪道的人服务。

如何从“众”到“筹”

那么，我们如何运用这一强有力的积极力量来孕育我们的成功呢？

一开始，我们应该竭力思考如何才能产生最初的推力，我们现在已经知道它对成功的重要性。首先，鼓励那些已经对我们的创新项目赞扬过的人继续公开点赞。记住，里特最有魅力的发现之一就是：谁提供的初始支持并不重要，只要有人支持就足够了。但我们仍然想要知道，需要多少初始成功才足以保障后续的成功，需要达到多少“众”才能“筹”到成功呢？

Kickstarter 众筹网站本身提供了一些答案。我们已经知道，一次小小的助捐对一项计划能起到重要而持久的影响。接下来，里特想测试：同一渠道的多次助捐会产生什么效果。[11] 在他没有投资的情况下，68% 的项目失败了，没能吸引到另外的捐助。而与此形成对照的是，在收到他的一次随机捐助后，仅有 26% 的项目还在苦苦挣扎，但当他持续提供随机捐助，达到 4 次时，失败的项目仅有 13%。换句话说，多次的初始支持实质上保证了成功。

The Formula

The Universal Laws of Success

多次的初始支持实质上保证了成功。

More initial support virtually guaranteed success.

还有一项有趣的收获。额外的捐助导致回馈逐渐减少。单独一个初始捐助者能吸引 4.3 个额外的捐助者，但随后的 3 个捐助者每人仅能吸引 1.7 个捐助者。就款项来说，里特的初始捐资平均为 24.52 美元，这一捐资平均而言能吸引 191 美元的额外捐资，回馈是非常不错的。但他随后的 3 次投资的回馈，每次仅产生首次的一半款项——89.57 美元。简单地说，初始捐助所产生的推动力比随后依样画葫芦的捐助，能带来更重要的影响力，反复地干预会导致回馈逐步递减。

这表明，某人第一个点击一个项目的注资键，其效果不仅仅是对该项目目标的投资，而是他在启动优先连接，把项目推向一条成功之路。因此，初次的赞美行为极其重要。对于初露头角的创业者、艰难前行的艺术家、显露雏形的电子阅读器，或一个筹资项目，初次赞美会使最终结果大为不同。所有希望从优先连接中受益的人，都需要将此牢记在心。里特对众筹的干预行为同样告诉我们，你需要成功来推动更大的成功，但即使是最大的成功，也始于不断的积累和壮大。你见过五金商店收银台上方悬挂着的、装在相框里的美元钞票饰物吗？它不仅仅是一种象征。一个生意的第一笔买卖是它最重要的买卖，一位初始顾客勇敢地用那笔钱投资了商店的未来，让商店开张，推动它走向成功。

这使我的思绪回到了那些梦想破碎的坟场——Kickstarter 众筹网站。网站里许多失败的项目也代表着真诚的努力和真正的价值。然而，我们的赞美没有给予这些弱势的无名之辈，我们的关注对象往往是网络上的超级明星。这就是财富的不公平性和成功的无界性背后的机制。优先连接解释了人生为何不公平。为了使之变得公平，我们需要找到方法，早早地认识、承认和支持富有才华的人，使成功的雪球滚动起来。如果我们期望孩子在学业上取得成功——谁没有这个愿望呢？就一定要记住优先连接无处不在，正如之前看见的那样，优先连接根深蒂固于决定孩子们成败的机遇中。

人类生来就对冒险持有疑虑的心理，因此我们总是密切关注先前的赞扬，这也从某种程度上表明，我们所做出的承诺总是要依附于某些现成的范例。我们奖励那些可资奖励的行为。如果我们提名一位奥斯卡获奖者去竞争另一项表演奖，或者授予一项人人觊觎的音乐界名誉职位给伊丽莎白女王国际音乐大赛的获胜者，或是就像爆炸猫项目的众多狂热助捐者，对一项已经筹满足够资金的众筹项目继续捐助，我们可以使冒险最小化。就像成功这一词的定义所显示的那样，它是一种集合现象。我们所有人一道为它负责，特别是在衡量才华、质量和能力表现缺乏有效手段的领域里，我们更有可能要依靠群体智慧。然而，这样做也会产生严重的后果，它扩大了在成功的分布方面业已存在的不公平现象。

粉丝，最初的启动效应

虽然我不是 Kickstarter 网站上筹资项目初始捐助者中的一员，但我也是爆炸猫游戏的大粉丝。这款游戏不仅使我的小儿子——一个 8 岁的肾上腺素旺盛的游戏迷，感到有趣和兴奋，我也迷恋其中，因为我也觉得它有趣，很有吸引力。在玩的过程中，屋里的其他人会过来要求我们保持安静，我们才发现自己玩得简直忘乎所以。就我而言，这款纸牌游戏的初始支持者具有惊人的直觉，游戏所收到的像雪片般飞来的赞扬也是当之无愧的，但爆炸猫游戏同样也容易使人感到枯燥乏味。那么，它的支持者如何能够在没有亲自尝试的情况下，便预见到游戏的趣味性呢?

答案是，初始的启动效应就铸就在爆炸猫的项目中。那些在爆炸猫项目起动的数秒内就输入了信用卡信息的首批捐助者，是马修·因曼的粉丝。因曼是一位艺术家，爆炸猫纸牌上的卡通人物，比如山羊巫师、独角猪、背上的毛可用作攻击性武器的猫，就出自他的手笔。[12] 他名为“燕麦粥”（The Oatmeal）的个人漫画网站，以及类似《直击海豚嘴部的 5 个好理由》的作品，已经使因曼成为连环漫画界的主流人物。

与爆炸猫不同的是，“燕麦粥”网站不是突发奇想而一夜之间形成的，它的观众是通过一集一集的连环漫画逐渐建立起来的，从而在成长过程中触发了优先连接。因曼于 2009 年创立该网站，以便与人们分享他枯燥、简约、人物驱动的画作，以及机智诙谐的注解。他那时也同时在做网页设计师的工作。但他的艺术在 Digg 和 Reddit 网站引起了一阵轰动，给了他频频亮相的机会。他也很快坦承，若不是在互联网时代，他是不会有这样的机会的。一年以后，他的连环漫画开始给他的网站带来了每月 2000 万人的访问量。随后，他辞去了工作，出版了一本书，书卖得很好，以至于他不得不雇用几位家庭成员来帮助完成订单。这本书最后和一家传统出版商签订出版合同，还出现在卡森・戴利（Carson Daly）主持的《卡森・戴利最后的通话》（*Last Call With Carson Daly*）夜间电视节目中。

作为因曼的朋友，艾伦给我们展示了这样一个案例，如何使用优先连接让开创性的项目受益，而不必使用“马甲”欺骗行为或操控捐助者。艾伦通过与一个已经拥有大量追随者的“枢纽节点”合作，为成功的游戏做好了准备。因曼的粉丝已经熟悉了他的作品，能很容易地被吸引到爆炸猫项目上来。通过在适当选择的网络中传播爆炸猫的信息，艾伦确保了这款游戏会像它的名称所允诺的那样，一夜爆红。我们将在下一章里看到，虽然价值仍然起着本质性的作用，但在这个案例中，支持者没有机会在支付款项之前亲自对游戏进行测试，因此像暴风雨一样滚滚而来的捐助并不是冲着它的价值而来。与之相反，是因曼的粉丝群从 Kickstarter 上的众筹项目刚一上线的那一刻起，催动着整个筹资过程。

魔法究竟是什么

正如我喜欢和我的小儿子利奥一块儿玩爆炸猫游戏，我也喜欢读书给大儿子丹尼尔听。他让我有机会探究《哈利·波特》的系列小说。在他到适合阅读的年龄时，这些厚厚的精装本书籍正好风靡一时。我的良苦用心之一是，帮助他构建他的词汇量，因为每个词就像积木块一样帮助搭建另外的词。但使我更高兴的是，看到丹尼尔听故事时那种全神贯注的神情，他俯身看着书页，带着充满想象力的少见的专注，完全被带入了另外一个不同的世界。

当然，丹尼尔喜欢《哈利·波特》这本小说。在匈牙利，我给他读了前面的两本，当第三本面世时，他等不及还要几个月时间才能发行的匈牙利语译本，自己开始阅读起了英语版的小说。我还记得他为了得到这一系列小说的最后一本的经历。当时，我们去锡比乌旅行，它是位于特兰西瓦尼亚中心的一个迷人的中世纪小城。虽然我们的车并不是载着哈利和罗恩飞往霍格华兹魔法学校的魔法汽车，但我们似乎也在进行一场魔法旅行[①]。

我们愿意进行那场特殊的旅行是因为，《哈利·波特》不仅非常盛行，它还是一套非常优秀的小说。当优先连接附加于异常优秀的事物上时，会产生一些有趣的现象。一次又一次，伴随着“火焰熊熊”的呼喊声，《哈利·波特》中的一个人物召唤出了红黄色的魔焰，令人惊奇的事情往往就会出现，就好像是咒语点亮了它。

那么问题来了，我们所说的魔法究竟是什么呢?

① 特兰西瓦尼亚在小说《哈利·波特》中多次出现，是魔法世界中的一个国家（地区）。所以作者会说，似乎在进行一场魔法旅行。——译者注

07

旁观者的耳朵

The Ear of the Beholder

品质如何
抗拒社会影响

英国猎户星出版集团（Orion Books）的出版总监凯特·米尔斯（Kate Mills）从书桌上布满灰尘的一堆书稿中抽出了《布谷鸟的呼唤》(*The Cuckoo's Calling*)。这是一本犯罪小说，作者是前宪兵军官罗伯特·加尔布雷斯（Robert Galbraith）。此书具有一些引人入胜的特点：优美的语言、自信的语气，以及令人着迷的、装有一只假肢的主角。米尔斯翻阅了起来，认为这本书“相当不错，但情节过于平稳”[1]，随即便将书稿弃之一旁。

加尔布雷斯最终找到了一家愿意碰碰运气的出版商。在此书于 2013 年 4 月出版发行时，格弗里·万塞尔（Geoffrey Wansell）在《每日邮报》上赞扬说，“一次令人看好的初次亮相”。[2] 虽然万塞尔充满了热情，但这本书并不够幸运，没有形成可观的读者群，一开始仅售出了微不足道的 500 册，看不出一点儿畅销的迹象。

但后来一种传言开始蔓延，说加尔布雷斯拥有和

J. K. 罗琳相同的代理商和编辑，他们因《哈利·波特》而名声鼎沸。加尔布雷斯还有一种描写女人服饰的神奇能力，这一特质令人感到有些不可思议。这些传言促使伦敦《星期日泰晤士报》请教了一位计算机科学家，他也确实在罗琳的《偶发空缺》(*Casual Vacancy*)和加尔布雷斯的新书中，找到了一些令人困惑的语言上的相似性。被逼无奈，罗琳最终承认，这些传言确实是真的。英国在世的最负盛名的作家 J. K. 罗琳就是罗伯特·加尔布雷斯，就是那位默默无闻的宪兵军官。第二天，《布谷鸟的呼唤》一下子就成了全球畅销书。

在匿名写作的过程中，罗琳实质上进行了她自己的成功学研究。她希望新书在“没有炒作和预期”的环境下出版，从读者和书评家客观公正的反馈中获得一种“纯粹的愉悦”。她知道，只有去除掉她那巨大声誉所产生的影响力，她才能公正客观地检验自己的写作价值。

30 多年前，史蒂芬·金（Stephen King）也做过一个相似的实验。[3] 他用理查德·巴克曼的笔名来核实自己获得的成功是取决于运气还是才华。于是，金以理查德·巴克曼的笔名出版了几本小说，并尽可能在小范围内营销宣传，故意使假名作者看起来生活拮据。金对这个人进行了详细的刻画。巴克曼的小说附有一张作者头像，一位粗犷英俊的男人在护封页上向外忧郁地凝视着。小说还附有作者的个人经历，包括他曾经做过商船水手，在新罕布什尔州农村的鸡场养鸡。根据个人简历，巴克曼在晚上写作时，“总有一杯威士忌放在他的奥利维蒂（Olivetti）打字机旁”。

就像罗琳一样，金在自我暴露之前就已经露馅儿了。揭穿他的是一位书店员工，他察觉出两位作者在写作风格之间有着高度的相似性。但是在暴露之前，金用“巴克曼”的笔名写了 4 本书。他的最后一本书是《销形蚀骸》(*Thinner*)，被人评论为“如果让史蒂芬·金来写的话，就是写这样的书”。这本书卖了大概 4 万册。然而，一旦将此书归于金的名下，它一下子便成了畅销书，销量大增 10 倍之多。在金的光芒之下，巴克曼黯然失色，湮灭于无闻之中。在后来的访谈中，金这样调侃道：巴克曼于 1985 年突然死于“假名癌，一种命名分裂症的罕见类型”。

“假名癌”用于形容加尔布雷斯的案例似乎也很贴切。罗琳当然是希望《布谷鸟的呼唤》能够以它自身的价值赢得广泛的读者群，但她的大名不出现在封面上，该书就不会赢得读者。初始兴趣缺失这一现象对罗琳来说并不陌生。20 年前，当她还是一位领福利救济的单身母亲时，有 12 家不同的出版商对她的第一部《哈利·波特》视而不见。[4] 她坦承，除了尚且有地方住，她当时是英国最贫穷的人。她的故事是白手起家的经典案例，诠释了才华和毅力造就超级明星的整个过程。然而，很明显的是，这极具偶然性：为什么《哈利·波特》能依靠自身的价值获得成功，而《布谷鸟的呼唤》则铩羽而归，直到罗琳施展她的巨大影响力时才使它缓过气来？为什么同一位天才写的书，一本能激发 5 亿读者的想象力，而另一本则仅让区区 500 人为它驻足？

当然，也许《哈利·波特》确实是一本比《布谷鸟的呼唤》更优秀的书，事情有可能就这么简单。我们若想用语言描述如何区分美玉和顽石，可能得费一番功夫；但如果亲眼看到它们，我们便会知道答案。评估任何事物，从私人教练到宾馆酒店，或者决定往购物车里添加何种商品，我们追求的是优秀的品质。任何比竞争对象更优秀的书籍、电影、汽车或者服务，我们都会毫不犹豫地欣然接受。

但是，即使警察的办案程序并不是罗琳的擅长，《布谷鸟的呼唤》仍然产生于完全相同的创造性头脑。所以，最初的问题仍然存在：为什么仅仅因为附上了她的名字，这本书的销量便直线上升呢？如果你是凯特·米尔斯，正在翻阅手中的文稿寻找下一部畅销书，判断上的一个小小错误，便会对你和作品本身带来灾难性的后果，你可能很容易就成了那 12 家出版商之一，他们拒绝了《哈利·波特》，选择投资一个符合畅销书所有条件的作品，而最终却以惨淡的销售量而收场。如果区分优劣是一件很容易的事，为什么米尔斯的工作会如此困难呢？

也许，这是因为寻找优秀作品比我们想象的要困难许多。书店里有成千上万册书籍，苹果公司的 iTunes 上有上百万首歌曲，任何一家大卖场都有巨量的货物，一个人如何才能从中选出最优秀的作品呢？

你的朋友可能会起作用。如果朋友推荐了一本书，我们就更可能去读；如果我们听到一家新开的餐馆并不像宣传的那样棒，我们就不会去了；如果邻居抱怨自己的冰箱，我们肯定会去订购另一个牌子的产品。在多如牛毛的供应中，我们通常不能依靠产品本身的价值，而是通过询问、观察、倾听来做出评判。我们依赖他人的意见做出选择。推荐可以减少干扰，帮助我们直抵最佳产品，同时它也易于人们接受。一本迅速走红的畅销书提供了一种安全的、经过群体检验的选择。于是，我们便从众地走向那几本书、几首歌曲、几家餐馆、几种电器，让所有其他东西湮灭在我们双脚扬起的尘土之中。

但是，当我们依赖大众信息来决定自己的选择时，我们是将时间和金钱投向更优秀的物品，还是仅仅枝附影从、随波逐流呢？

自我应验的预言

在某种程度上，雅虎音乐实验室（MusicLab）的创始人邓肯 · J. 瓦茨（Duncan J.Watts）[①]、马修·塞尔加尼克（Matthew Salganik）和彼得·道兹（Peter

① 邓肯 · 瓦茨是小世界网络之父，微软研究院首席科学家，其颠覆式新作《反常识》根据新的网络科学研究，以及商业、政治和日常生活中比比皆是、内容翔实的决策案例，揭晓常识带来的四大误区和反常识带来的三大红利，教授我们如何跳出常识陷阱，优化工作与生活。该书中文简体字版已由湛庐文化策划、四川科学技术出版社出版。——编者注

Dodds)，是罗琳的科研同行。为了搞清楚流行度如何影响成功，他们邀请了上万参与者来欣赏歌曲，但这些歌曲均未标注是哪个乐队演唱的，这完全就是米尔斯所面对的书稿堆的音乐界版本。[5]他们特意选择的歌曲，除了演奏乐队成员的朋友及家人，圈外人通常都没听过。

音乐实验室招来的实验参与者都很年轻，3/4 的人年龄只有十四五岁，对音乐都非常关注。想象一下你十几岁的女儿，她正在浏览你 Spotify 上的歌单，脸上时而露出喜欢时而呈现出厌恶的表情，你将这一形象乘以 14000。怎么样，吓着你了吧?

这 14000 名青少年自己不知道，他们被引向了 9 个不同的虚拟房间。一些人被引进了对照组，给他们的任务很简单：将 48 首曲目从优到差进行排序。作为回报，他们将被允许下载喜欢的歌曲到各自的音乐收藏夹中。参与者下载一首歌看起来是一个可靠的指标，表明他是真正喜欢听这首歌曲，至少还想再播放一次。如果一首歌被反复下载，研究人员便认为这首歌是“好”的，如果参与者听完一首歌曲后不予理睬，研究人员便视其为“差”的。

当然，质量的高低来自观者的耳朵。这群参与者主要由美国青少年组成，他们所喜欢的歌曲对于 14000 名中的一些人来说，比如特兰西瓦尼亚的大妈或古典音乐家，可能是令人生厌的。因此，量化真实的质量非常具有挑战性。我们真正能够期望测量的，是歌曲的“社会适应度”，也就是与其他歌曲相比，它更能获取我们关注的能力。由于其他参与者与对照组的成员之间没有统计差异，他们理论上应该对听到的音乐做出相似的反应。

这就好像听着耳机做家庭作业，对照组的成员忠实地评估着这些歌曲，然后通过奖励下载自己喜爱的乐曲，就这么简单。但对照组成员只占全体 14000 名实验参与者中的一小部分。其他人被领入另外 8 个相同的虚拟房间，在那里完成同样的任务——给歌曲排序，下载心仪的歌曲。不过，他们与第一组有一个关键的差别——可以看到一个统计表，上面有每一首歌曲被他们小组其他成员下载的次数。当每位参与者登录并下载自己喜欢的歌曲时，这个统计表的数据就会相应地更新。每一位参与者所看到的排行榜都不相同，这取决于之前人们的选择。每位参与者也都为下一位登录的人留下了与自己登录时略微不同的排行榜。

下载计数使年轻人能够发掘他们社交世界的集体智慧，帮助他们找到最优秀的歌曲。这确实奏效：在所有 8 个非对照组里，有一首歌曲冲向榜首并一直占据在那里，具有令人惊讶的一致性。[6] 换句话说，每个组对哪首歌最为优秀有一致的看法。但也表现出怪异之处：虽然每个小组迅速、明确地达成一致，但组与组之间却有相当大的不一致性。如果我们把这 8 个小组看成是 8 个平行宇宙，每个宇宙都发展出极为不同的音乐品位。举个例子，由 52 号地铁乐队（52 Metro）演唱的《禁闭》（*Lock Down*）在一个组里是最受欢迎的，但在另一个组里却被全体成员鄙视。一旦这些年轻人可以知晓同伴的偏爱和喜好，社会影响便会左右他们的选择，使得最终结果出现难以置信的不可预测性。

如果社会适应度是成功的唯一要素，那么最优秀的歌曲总是会获胜，成功也就具有可预测性。但现在我们知道，事情远比这复杂。由于能力表现是有界的，我们已经了解到，优中选优即使对专家来说也是困难重重。尽管音乐实验室中的歌曲未必都很优秀，比如劣质酒有时也混杂于佳酿之间，但各小组仍不能完全达成一致。事实上，虚拟世界中唯一能被预测的一点就是，人们喜爱的歌曲是多么不可预测。社会影响越强烈，结果越不可预测。比如，听者将先前人们所喜欢的歌曲纳入自己的选择，并将其强化，而这首歌的内在价值似乎没有起到任何作用。

换句话说，音乐实验室中的成功是一个“自我应验预言”[7]，这一术语是罗伯特·默顿在 1948 年创造的，用来描述学业成绩上的差距。[8] 他认为，非裔美国人、拉丁裔，以及其他代表性不够的族群的学生，从一开始便处于不利的境地，因为“环境会激发一种新的行为，使原本虚假的想法成为真实”。20 年后，一个戏剧性的实验证明了自我应验预言具有多大的影响力。

实验是在奥克学校（Oak School）进行的，这是旧金山中下阶层社区的一所小学。[9]从一年级到六年级的所有学生都参加了一项“哈佛习得变化”测试，每一位教师随后收到了他的班级在这次测试中得分排名前 20% 的学生姓名。这些学生理所当然地被期待在来年有更大的进步。在期末的时候，这些孩子又进行了一次测试。不出意外，之前测试中预示会有最好智力发展的那 20% 的学生，表现确实特别优秀，他们在智商测试得分上的进步远远高于那些没有进入名单的孩子。这项测试取得了令人吃惊的成功，准确地锁定了那些将会实现超越的学生。

事实上，并没有“哈佛习得变化”测试这么一回事。孩子们确实在年初时进行过一场测试，但那只是一次标准的智商测试。更为重要的是，研究人员没有真正使用智商测试的结果，提供给老师的前 20% 的学生的名单完全是随机选择的。“哈佛习得变化”测试完全是伪造的。但没有伪造的是这一事实：那些被标为“天资聪慧”的 20% 的一、二年级学生，在学年年末的智商测试中，完美地完成了自我超越。

通过宣布某一孩子在评估测试中比他的同学具有更高的天赋，研究人员改变了老师对孩子能力的看法。学生对他们自己的智力现状并不清楚，他们还是和平时一样上学放学。他们在课堂上积极举手或者双眼游离于教室虚无的空间中；他们交上做好的家庭作业或者为交不出作业寻找理由；他们喜欢学校或者讨厌学校，凡此种种。但是，基于虚假的测试成绩形成的对孩子隐匿能力的认识，引起了老师更高的期待，从而产生了自我应验预言。老师期望入选的学生出彩，他们也因此鼓励学生出彩，而孩子也用出彩来予以回应。

自我应验预言意味着，在适当的条件下，最差的学生，或者最差的歌曲可能升至榜首。但错误地相信一个人或者一件产品的价值能够导向持久的成功吗？或者，我们一定会发现皇帝身上是一丝不挂的吗？在首次实验两年之后，音乐试验室的研究人员准备去解决这一问题。

与奥克学校的实验采用的方法一样，研究人员故意欺骗新的实验参与者——大约 1 万名年轻人。[10] 在对照组里经常下载的歌曲被改为很少的下载次数，而最不受欢迎的歌曲却被标在榜首。换句话说，他们设置了一个假象，下载最少的歌曲成了同伴的最爱。

现在，这些青少年进入这样一个世界，在他们不知情的情况下，负面详情被颠倒了，呈现在他们眼前的情况是，每一个人不仅仅是喜欢，而且是热爱某一首歌曲。这一刻他们的困惑可想而知。就比如一件时髦的小电器出现在市场，（10 年前风行一时的便携式牛奶起泡器，一下子浮现在我脑海里）尽管没多大用处，但人们都趋之若鹜；或者一部糟糕的电视剧让我们的朋友为之着迷，忍不住一直絮絮叨叨地谈论它。“我难道搞错了吗？”我们会想，“是不是我错过了什么？我得再看看。也许我的看法会改变……”

> 新的实验模仿了罗琳的实验，虽然规模大了许多。小说和歌曲都一样，受益于声誉信号传递：如果你知道一位作家或者歌手，你对他的作品或专辑便会非常上心，而如果你不知道，你通常会漠不关心。声誉信号传递的现象无处不在。一个高等级的葡萄酒庄园的葡萄酒要价远远高于出产相同品质葡萄酒的低等级庄园，尽管葡萄酒酿造的等级，就像霍奇森的研究表明的那样，是建立在一个有缺陷的评价系统之上的。圣母大学的橄榄球队是大学橄榄球历史上最有传奇色彩的球队，几乎每一年都会获得其他球队梦寐以求的橄榄球杯赛的邀请，即便是球队的表现大有问题。高地位的投资银行收取的费用更高，尽管其金融产品与同行的产品并无不同。在科学界也是这样，当一位著名的科研人员在合作者名单中偶然地被遗漏，那么这篇科研论文被接受发表的可能性就大为降低。[11]

通过欺骗实验参与者有关他们同伴的选择，音乐实验室发现了不同声誉信号相互混杂时的情况。毫无疑问，排行颠倒的负面详情对优秀歌曲的影响是致命的，而平庸的歌曲则从中获益匪浅。

社会影响，阻止我们一遍又一遍吃下有毒的蘑菇

社会影响对人类生存至关重要，可能就是它阻止我们一遍又一遍吃下有毒的蘑菇，或者阻止我们与老虎太过亲密。我们的判断受到社会上他人观点和经验的影响。我们运用同伴的意见来评估诸如冰激凌品牌和艺术品等一切事物。如果一件产品受到大家的广泛欢迎，我们就假定它的品质是上乘的。如果大家不喜欢，那我们就假定它糟糕透了。声望孕育声望，就正如成功孕育成功一样。

但音乐实验室最引人注目的发现，来源于该实验一个很不寻常的结果：在极为少数的情况下，优异的社会适应度能够抗拒社会影响。对照组里最被推崇的歌曲——由帕克理论乐队（Parker Theory）演唱的《她说》（*She Said*），再度受到超乎寻常的欢迎。面对一张颠倒的排行表，这些青少年最初是在最末端看到这首歌曲的，但后来它的下载量逐渐增长。负面详情颠倒之后不久，《她说》开始从阶梯的最低一级缓慢但稳定地攀升。随着时间的推移，优先连接助推这首歌奔向顶峰。这就是一个“自力更生”的故事，尽管《她说》是受到最严厉惩罚的竞争者，但在比赛中重新回到了赛道上。《她说》这一歌曲表明，能力表现可以从负面的社会影响中强势逆转，成功升顶，就像我们断定油总是会依靠浮力漂浮在醋液表面一样。

《她说》这首歌曲的复苏告诉我们，优先连接，即“成功带来成功”的驱动引擎，在成功的过程中并非孤军奋战，而是与社会适应度携手并肩。《她说》是成功第三定律的一个很好的示例：

初始的成功 × 社会适应度＝未来的成功

社会适应度和锦上添花现象并不冲突，而是相互交织在一起，影响我们的选择，改变我们的结果。一群人可以让一个普通的东西获得不相称的盛誉，但他们极少会真心地支持令人厌恶的东西。对流行度的错误感知可能会抬高一首糟糕的歌曲，但它绝不会获得整个群体的喜爱。当能力表现和优先连接和谐一致时，就像《她说》案例中的那样，带来暴风骤雨般的成功。

我第一次发现成功第三定律是在音乐实验室研究开展的 7 年前，那时我正试图了解谷歌——这个互联网行业默默无闻的后来者，是如何成为最大的中心网站的。从理论角度来看，谷歌的成功是没有道理的。优先连接始终如一地预示，链接最广泛的网页是那些历史最久远的，它们有更多的时间集合链接，看起来比后起之辈具有更长久的优势。从更广义的角度来说，这是正确的。举个例子，当我们寻找外科医生时，会倾向于认为，在所有其他条件相同的情况下，年龄大的医生比年龄小的医生更具优势，因为他们看的病人多，有更多的人推荐他们。因此你最终也很有可能进入他们的手术室。年轻一点儿的医生缺少提供好评的病人群体，总是在他们更富经验的同行的阴影下蹒跚起步。

不过，这个规律还是有明显的例外，谷歌就是其中之一。当它 1997 年刚刚登场时，绝大多数人使用的还是像 Altavista 和雅虎公司的 Inktomi 这样的搜索引擎。但 3 年之后，谷歌就远远地超越了其他产品。它的成功是如此迅速，毫无悬念，连它的品牌名称都成了搜索的代名词。因此我们一直感到好奇，谷歌是如何从底层开始，化解庞大的竞争对手的先发优势的。通过研究数据，我们很快就会发现，任何市场中都有很多类似于谷歌、迅速获得成功的后来居上者，这些公司尽管相对年轻，却以超乎寻常的速度迅速获得市场份额。比如，波音公司——搅乱航空工业的自命不凡的新贵；善卫得——让竞争者销声匿迹的治疗溃疡的药物；山姆啤酒（Sam Adams）——让各地的饮酒爱好者都品尝到了精酿啤酒的风味。它们各自是如何击败通过优先连接已经获得强势发展的首批入行者的呢?

事实上，答案非常简单，它们之所以获得成功是因为其产品具有独一无二的内在品质，这帮助它们克服了产品因默默无闻而带来的障碍。一个能引导用户找到更多相关网址的搜索引擎、一架更有效率更为可靠的飞机、一种更胜一筹的药物、一款口味更好的啤酒，它们不仅能够和庞大的对手竞争，而且还能在竞争中胜出，因为它们更具有活力，能更好地适应当前的挑战。

因此，要认识这些后来者是如何成为它们现在的行业中心的，我们就需要对每一个节点赋予能够体现其优势的内在特征。借用进化论的术语，我们将这一属性称为“社会适应度”。[12] 这个名字是一种恰当的选择，因为社会适应度并不完全等同于“品质”，尽管它肯定会依靠品质。与产品的价值判断不同，社会适应度让我们可以捕获某件产品，在与其他产品争取相同买家、相同观众、相同赞誉者的竞争中取胜的内在能力。比如，几乎没有什么文学类型会将系列小说《五十度灰》视为“品质”类小说，但我们不能质疑它们的社会适应度，质疑它们与书店中其他更多的文学作品竞争并且取胜的能力。社会适应度帮助我们认识到，并不是所有的医生都同等优秀，就像并不是所有的网站都同等有用一样。

第三定律告诉我们，未来的成功是产品的社会适应度和初始的成功的共同产物，它帮助我们将我们的直觉转换为具有预测性的数学语言。基于这条定律的公式，我们可以预知一个高社会适应度节点，即使是比赛的后来者，也能成为赛场上的主力队员。这条公式作用巨大，能准确地描述互联网的网页获得链接这一竞争中丰富的动态过程。

同样重要的是，成功第三定律向我们准确地展现了成功与优秀如何协同配合，带来统治性的地位。你的社会适应度越高，你就可以每天主动获得越多的链接，即使你在一开始还不为人知。一个真正优秀的外科医生能熟练地进行手术，最大限度地减少病人的痛苦，增进病人的健康。随着他技术的精进，他会赢得更好的口碑，进而吸引更多的病人。这个模型告诉我们，如果两个节点具有相同的社会适应度，早一点的节点仍然具有优势，就像一位执业数十年的医生，会比同样优秀的新手医生拥有更多的病人。然而，若是两个节点具有相同的可视度，只要社会适应度有一点儿差别便可以决定谁将得到更多链接。

如果决定某件产品最终成功的是它的社会适应度，那么，像成功第三定律预测的那样，当社会适应度和流行度缠绕在一起时会发生什么情况呢？我们能够一直关注某件产品的真实价值，而忽略它的感知价值吗？

为什么说评价越多越不能反映产品的真实适应度

音乐实验室的研究结果表明，我们的喜好是多么容易受到外界的影响。这并不是说，我们对自己鼻子底下的极其低劣的产品置若罔闻。由于品质是有界的，当面对大量“还不错”的选择时，我们通常会放弃自己的判断而追随大众的选择。一旦这种情况发生，流行起来的产品并不见得就反映了它真实的优秀品质。这就是真正的问题所在。我需要一本“令人兴趣盎然”的书籍，而不是一本通俗读物；我需要住进一家“高品质”的酒店，而不是网红宾馆。但是，当我们点开亚马逊网站，搜索 Hotel.com，或者任何其他依靠大众舆论做的产品排行的论坛时，所看到的除了流行度，还是流行度。最终，流行度和品质无可救药地缠绕在一起，两者相互遮盖掩藏。我们有没有希望将两者分离开来？不受作者声誉的影响，去真正地认识《布谷鸟的呼唤》是多么优秀，难道不是更好吗？

事实证明，如果将成功第三定律应用于大数据，我们是能够做此区分的。

不久以前，我读到了一篇由澳大利亚一所大学的研究者撰写的论文，研究内容正是将流行度与品质分离开来。当我越来越着迷地读着论文时，一个熟悉的名字映入眼帘，他就是西班牙网络科学家曼纽尔·塞布里安（Manuel Cebrian）。几年前，他申请我实验室的博士后职位时，我们见过面。尽管当时他是最优秀的申请者之一，但我们没钱雇用他，最后他去了麻省理工学院。在那里，他使用网络科学赢得了美国国防部高级研究计划局（DARPA）的一项竞赛，给遍布全美的 10 个红色气象气球定位。最终，塞布里安在澳大利亚谋到了教职，在随后几年淡出了人们的视线。当我意识到这篇论文是他撰写的时，马上给他发了一封邮件，列出了一长串的想法和问题。考虑到悉尼和波士顿之间 14 个小时的时差，我想最快也得第二天才能得到回复。

令我感到惊喜的是，几个小时之后，就像罗琳小说中学者模样的巫师一样，塞布里安本人居然走进了我的实验室。他说他到波士顿已经好几天了，觉得亲自来一趟能更方便地回答我的问题。他脸上挂着灿烂的笑容，回答了我的问题。随着我了解越多，我对他的研究越发感兴趣。他向我演示了如何运用第三定律来提升成功。

塞布里安和他的团队设计了一个算法程序，可以系统性地将流行度与社会适应度区分开来。[13] 为了证明这个算法有效，他们用它来挖掘音乐实验室的数据。以一首优秀的歌曲《与伯爵同行》（*Wont With the Count*）为例，这首歌在对照组排名第 2 位，但当十来个青少年第一次发现这首歌时，它排名第 25 位，这是一个相当低的位置。尽管它的排名很低，但有几个人认为这是一首很美妙的歌曲，就把它下载下来收藏，这将《与伯爵同行》的名次推高了几位。一段时间之后，当排名有了改变，另外十来个青少年在排名第 25 的位置上遇到一首低质量的歌曲，他们认真地听了这首歌，但没有人去下载它。下载量上的差别、《与伯爵同行》社会适应度的提升和竞争对手社会适应度的下降，这些都被算法捕获。通过反复地监控有多少青少年选择在排行榜的不同位置下载每首歌曲，算法程序收集了越来越多的数据，用于计算每首歌曲真实的社会适应度。

如果愿意的话，通过分析数据，塞布里安和他的团队可以用每一首歌的自然轨迹，加上每位青少年的选择，来分析这些歌曲播放过程的群体动态。最终，他们的算法会为每一首歌曲标注一个数字，以标明它的社会适应度。比如，一首下载量最少的歌曲得到了一个非常低的社会适应度：0.33；与之对应的对照组中排名第 2 位的《与伯爵同行》的社会适应度为 0.43；受到大众喜爱的歌曲《她说》的社会适应度为 0.54。换句话说，塞布里安可以抛开不稳定的社会影响作用，揭示每首歌曲固有的竞争力。

一旦你能够确定优质的产品，面临的真正问题就是：如何在你的网站上为歌曲、图书，或者其他产品进行排序，使用户能够找到他们真正需要的产品？如果你做对了，将真正令用户感到兴奋的产品显示在榜首，他们就更有可能掏腰包下单。那么，你是应该基于流行度将产品进行排序，还是应该完全忽略社会影响，按照歌曲内在的社会适应度进行排序？答案是明确无误的：展示高品质的东西！当歌曲按照流行度排序时，那些青少年总共下载了大约 5000 首。同样数量的实验参与者，当出示给他们依据社会适应度排序的歌曲列表时，下载量多达 7000 首歌曲。这可是增长了 40%，这说明卓越的品质是多么有说服力。比起仅仅出示给他们流行的歌曲，青少年在看到社会适应度相关的歌曲名录时，更有可能去点击下载。

当这些青少年浏览音乐实验室的网站时，塞布里安和他的同事能够透过他们的双肩发掘出珍贵的宝石，找出能够风行一时的打榜歌曲。我再重复一遍：他们能够预测打榜歌曲。这是非常令人惊讶的事情，想一想无数的“凯特·米尔斯们”，他们都是各自领域的专家，完全依靠自己的“直觉”对书桌上成堆的书稿进行筛选，却经常忽略潜在的能一炮走红的作品。实际上我们所有人也是这样，经常在亚马逊网站提供的无尽的书单中筛选，试图找出一本优秀的读物。我们能否利用成功第三定律，来帮助权衡我们的选择呢？

还记得王大顺吗？我实验室的那位研究生，他最初的项目促使我们立即转向探索成功学。在获得博士学位后，大顺进入了 IBM，在那里他帮助开发了一个算法，可以将每件产品的社会适应度从我们购买书籍时通常会出现的集群效应中分离出去。[14] 就大数据而言，他使用了亚马逊长达 17 年的销售中所收集到的 2800 万条消费者的评价，实时地描述了由成功第三定律定义的动态过程。为了将他的成果用大家熟悉的形式表现出来，他将每件产品的社会适应度转换为五星评价的方式，这也是亚马逊用户评价产品所使用的方式。利用与塞布里安所用的大同小异的算法，大顺识别了每件产品在排除社会影响因素后，所应该真实具有的评分星数。基于此，他能够清楚地看到这些评分是如何因社会影响而产生偏差的。

大顺的发现与我们的正常预期大相径庭。一件产品所获得的评价越多，它的最终评价就与他的社会适应度相差越大。这真是完全不合情理，不是吗？你可能会认为，当每位新人提供一项评估，就会平衡掉抱怨的声音和过分的赞美，使我们更接近于一个实实在在的"平均"的反馈。

你知道孩子们玩的一种猜罐子里有多少 M&M 巧克力豆的游戏吗？询问的人越多，我们就越接近真实的数字，但前提是，你不能告诉孩子其他孩子猜的结果。在亚马逊网站上就是这样的，评价的人越多，其结果就越不能反映产品的真实社会适应度。这又是社会影响在作祟。你买了咖啡机，对其看法有所保留，如果你是公正的，就会给它三颗星。但是写评论时，你看到你前面的评论者都给的是五星，你可能会权衡一下，给它四星。在这种奇怪的作用下，亚马逊网站上的平均打分变得无关紧要了，通常只有那些最初的评价才不会受到同伴意见的干扰，能最大程度地反映产品的真实社会适应度。

大顺和塞布里安的研究成果对在线市场的发展具有重大启发。通过分析群体行为的模式，优化测量社会适应度的方法，或者至少将它与流行度分离开，市场就能够有效地利用集体智慧，让优秀的产品荣升榜首。最终，相似的模型将在极为广泛的领域里，从筹集捐款到选举，促进成功。在不远的将来，我们可以通过在线快速搜索，比较周围区域的理发店或美容院，寻找到新的理发店或美容院，就像我们以前所做的那样。不同的是，我们不是被引向大众喜欢的店所，而是被引向真正具有内在品质的店所。

成功不完全是机缘巧合

群体行为在影响我们的选择方面具有重要意义，即使是看起来不那么重要的选择，比如读哪本书、听哪首歌、看哪种邮件。一旦我们知道这一点，肯定就会质疑大众见解总是将我们推向最佳产品这一假定。我们也可以将这一观点引入生活中更重要的选择，比如投票给哪个候选人、上哪一所学校、在哪个社区定居。最终，如果有什么事对我们真的很重要，我们就不应该去走捷径，而是投入时间，做出我们自己的抉择，独立于群体意见。因为，如果成功第三定律确实告诉了我们什么，那就是流行度所反映的产品社会适应度与我们所期望的相比，相差甚远。诚然，如果这个产品只是我们所读的一本平庸的书籍，或者观看的一档低劣的电视节目，这个差别可能无关紧要。但如果我们选择一所大学、一位医生，或者一名公职人员时，仅仅因为其他人认为他们合格，这就确实事关紧要了。

这有一种可以运用成功第三定律的方法：在你的工作场所鼓励独立决策。比如，就重要事项做出决策，可以让出席会议者进行匿名投票，比如通过电子邮件，而不是在会议结束前来个“举手表决”。还记得亚马逊的最初几篇评论最能反映一件产品的真实社会适应度这件事吗？因为它们是受到社会影响干扰最少的评论。让你的同事从人群中走出来，说出他们的真实想法。

乍一看，音乐实验室所做的实验似乎表明，罗琳令人惊叹的个人生涯与其说是个人天赋的直接造化，还不如说是历史的机缘巧合。“如果事情的发展稍有差异，杜撰的罗伯特·加尔布雷斯有可能会经历与真正的罗琳相同的成功。”

音乐实验室的主要研究人邓肯·J. 瓦茨曾经写道，“在我们所居住的痴迷于哈利·波特的世界里，确实很难想象，在其他平行的宇宙里，有些事情看起来也完全是貌似合理的，比如《哈利·波特》是一本‘相当不错的’书，但根本卖不出去几本；罗琳仍是一位在英国曼切斯特为生活而苦苦挣扎的单身母亲，而我们其他人对此一无所知。”[15]

如果我们仅仅关注音乐实验室实验的表面价值，这个结论完全是有道理的。毕竟，在8个虚拟房间所构成的平行宇宙中，都有一个不同的《哈利·波特》似的成功者，都突如其来地荣升榜首，由此也强化了优先连接的法则：成功带来成功。但这里面缺失了社会适应度和能力表现。成功第三定律迫使我们对公式进行完善：一件产品具有社会适应度和初始的成功，它的长远成功则单独由社会适应度决定。用达尔文的语言来表达就是，适者生存——最优美的歌曲、最可靠的公司、最先进的技术会最终成功。换句话说，成功第三定律重复了成功第一定律：当能力表现可量化或可见时，能力表现驱动成功。通过与流行度协同配合，社会适应度引导我们的长远选择。

The Formula

The Universal Laws of Success

一件产品要具有社会适应度和初始的成功，它的长远成功则单独由社会适应度决定。

When a product has fitness and previous success, its long-term success is determined by fitness alone.

但这里面的一部分关键是“长远”。的确，在一个拥挤的领域，最佳产品或表现最佳者总是会多赢得一张选票、多促成一笔交易，或者多获得一次点赞，比低社会适应度的竞争者更快地提高流行度。如果我们等待的时间足够长，最好的东西总会攀升到顶峰，就像《她说》一样。但有趣的是，在音乐实验室倒转歌曲排名之后，《她说》实际上并没有到达顶峰，它肯定是在朝这个方向前进，但要多给它一些时间，随着数千名青少年的加入，一个接一个地下载，这首歌曲的社会适应度让它完全克服了知名度不够的障碍。

对于大多数产品和成果来说，同样真实的是，在一个充满竞争的市场里，时间是我们并不经常拥有的奢侈品。一本新书的读者大部分都是在其发行后的头几周里被吸引的；一篇研究论文的引用集中在它发表后的头两年；刚成立的新公司只有半年时间来体现它的价值，不然就会失去天使投资人的支持。产品、人、构思都必须在这极其短暂的时间窗口里表露价值，不然就会销声匿迹。鉴于这种趋向，像所有作家一样，面对转瞬即逝的成功窗口期，罗琳就不会在另一个世界里沦为无名之辈吗？

我和瓦茨的观点的不同之处是，《哈利·波特》的成功不是机缘巧合。虽然7部小说都让我感到身临其境，但抛开我对它的欣赏，《哈利·波特》由“乞丐”到“富翁”的转换，本身就是我所能想到的对成功第三定律最好的诠释。事实上，即使《哈利·波特》在十多次被拒之后找到了一家出版社，它仍然不会马到成功。当第一部于1997年6月在英国出版以后，首印只有区区500册，其中的300册还被免费送给了图书馆。它的起点低得不能再低了，而随后发生的正是成功第三定律针对高社会适应度、低可见度产品所预测的：这本书通过一个读者接一个读者，累积起了读者群。当第一波评论出现时，这本书被描述为“极其赏心悦目的惊悚悬念小说”。就像一位书评家所说的那样：“我得去找找看，是否有儿童能放下这本书。”随后，出现一个接一个的点赞，优先连接便开始生效了。

当1998年9月美国版的《哈利·波特》出版时，我们同样看到成功第三定律发挥的作用。媒体对这本书大多不予理睬，直到经过整整一年后，《哈利·波特》才建立起足够多的读者量，进入到《纽约时报》畅销书名单。但当这本书最终于 1999 年 8 月位列第一后，几乎在一年半的时间内它都稳居榜首，只是后来《纽约时报》将榜单划分为儿童和成人两部分，《哈利·波特》才最终被拉下榜首的宝座。这一排名变化出自出版商的压力，他们急切地想看到其他图书能位列榜单前茅，而这个位置一直被一个具有魔法奇才的少年“劫持”。

成功第三定律的案例随处可见，而经常看到这些例子的出现，也是一件十分有趣的事情。这里就有一个经典案例。1977 年，本·科恩（Ben Cohen）和杰里·格林菲尔德（Jerry Greenfield）在一座重新装修的加油站里创办了一家冰激凌店。[16] 虽然那时冰激凌的生产和销售在美国已经是一个大产业了，但你在商店里能够买到的冰激凌都是批量生产的，口味单调，充满化学添加剂和玉米糖浆。科恩和格林菲尔德俩人是最好的朋友，都自称是嬉皮士，以前从来没有做过冰激凌，但他们坚信能做出更美味的冰激凌。他们有自己的想法。科恩的嗅觉有些点儿问题，吃东西时依靠视觉和口感。如果在冰激凌中混合大量不同的口味，提高用户体验，那会怎么样呢？他们认为值得一试，于是报名参加了一个函授课程，5 美元一课，学习制作技艺。

然后，他们投资 12000 多美元创立了一家公司，使用高质量的配料，自己搅拌冰激凌，凭空想象出一些富有创意的、名称稀奇古怪的风味。之后他们打出一块手工涂画的招牌，上面写着“Ben & Jerry 家庭秘制”字样，冰激凌勺也是他们手工制作的，商店的审美强调了公司的与众不同：冰激凌不仅仅美味，而且手工制作。一款名为 Cherry Garcia 的品牌就是他们最初推出的冰激凌之一——一种呈淡粉色，布满水果丁和黑色巧克力碎屑的冰激凌，一经问世，便大受欢迎。

不过，正如我们所看见的那样，仅仅推出一款优质的产品是不够的。在成立一周年时，公司创建者肯定是意识到了这一点，他们决定提供免费蛋卷冰激凌。因为他们需要快速启动优先连接，谁不会去排队领取免费蛋卷冰激凌呢？一旦送上来的蛋卷冰激凌确实香甜可口，带有与众不同的风味，它的价值就会像火箭一样直线飙升。

这一策略奏效了，但需要一段时间。在成功第三定律的缓慢发展过程中，Ben & Jerry 冰激凌店在佛蒙特州逐渐声名大噪。随后在 1981 年，蛋卷冰激凌出现在《时代周刊》的封面上，Ben & Jerry 冰激凌被称为“世界上最美味的冰激凌”，酝酿起来的热情最终跨越了州界。

科恩和格林菲尔德控制了成功第三定律中的魔法，念出罗琳曾经念过的咒语。尽管我们很想关注冰激凌的可口美味，用它来解释公司从翻新的加油站，到 10 亿美元资产的成长经历，但是，事情远远没有这么简单。社会适应度和优先连接两者都是必要的，去掉任何一个，Ben & Jerry 冰激凌都不会获得今天这样的巨大成功。

这样做还削弱了构成公司壮举的更为重要的元素：最初产出冰激凌的团队的密切协作。

成功很少是单打独斗的

团队的成功是成功第四定律的主题。就像我们将会看到的那样，认识这些定律如何适应于我们个人的生活框架，只是事情的一方面。我们很少单独行动，因此，审视一鸣惊人的产品背后的团队行为是非常关键的。Cherry Garcia 品牌冰激凌令人着迷的品质究竟是什么？答案是，那是一种适应于任务的特定的人才搭配，是将优先连接和社会适应度完美融合，通过冰激凌机去实现他们的梦想的一对搭档。正是这两个创造性大脑的结合，才创造了我们正在一勺一勺品尝的口味奇特但令人赞叹的冰激凌。

THE FO

The Universal Laws of Success

巴拉巴西
成功第四定律

成功的团队兼具多样性与平衡性，而且往往更容易让一个超级领导者脱颖而出。

The Fourth Law: While team success requires diversity and balance, a single individual will receive credit for the group's achievements.

RMULA

这是一条具体表现在鸡群和足球运动员身上的定律，它告诉我们，全明星团队注定会失败。这一定律也同时表现在爵士乐手、百老汇金牌制作人、电话中心的客服人员身上，他们帮助我们制定使团队成功最大化的策略。在诺贝尔奖评选中被忽略的道格拉斯·普拉舍（Douglas Prasher），可作为一个警示故事：当我们让社会来分配功劳的时候，很多事情都会出差错。

08

有点传统，
有点创新，
有点蓝调

Kind of Conventional,
Kind of Innovative,
Kind of Blue

平衡性、
多样性和领导力的重要性

1959年3月2日，由爵士乐大师米尔斯·戴维斯（Miles Davis）[①] 精心挑选的5位乐手走进哥伦比亚唱片公司的第三十街工作室，录制了一整天音乐。他们当中的有些人还是第一次见面，对要录制的音乐只有一个大概的了解。他们事先得到了几张音阶和旋律线谱的草图，这就是所有的准备工作。当他们手拿乐器，在隔音的录音室里集中时，嘴上叼着一支烟的戴维斯给了他们一些简要的指示。然后，他们开始演奏起了后来取名为《那又怎么样》（*So What*）的乐曲，几段忧郁的贝斯，伴随着轻柔的鼓声，以及钢琴细腻跳跃的音符，紧随着是小号和萨克斯。

这场录音的成果——专辑《泛蓝调调》（*Kind of Blue*）[1]，表现出了因这种自发的合作所带来的张力。乐曲的音乐风格——同时具有平静、轻快活泼、旋律感强、充满忧郁情感的特点，都是由戴维斯精心组织的。这张专辑的50周年纪念版里有乐队成员对戴维

① 美国爵士乐演奏家、小号手、作曲家、指挥家，20世纪最有影响力的音乐人之一。——译者注

斯的回忆记录。戴维斯是一个非常看重精确度的人，但他同样也支持在规定的框架之内进行狂放的即兴演奏。他具有丰富的演奏经验，能演奏从比博普到蓝调等多种爵士乐，在这个基础上，戴维斯创作了《泛蓝调调》这一专辑。直到60年后的今天，无论是对于经验老到的爵士乐手，还是广大的普通听众，这个专辑听起来仍然是那么清新别致。

戴维斯精心组织的一组乐手在他指导下即兴演奏《泛蓝调调》，使其成为迄今为止所录制的、最为经久不衰的爵士乐专辑。自从该专辑于1959年首次发行以来，重复发行了118次。在同样类型的专辑中，这是前所未闻的成功。最为重要的是，数世纪以来，《泛蓝调调》成为爵士乐的一个入口点、一个延续不断的灵感来源、一条金标准。换句话说，这张专辑是一部杰作。

《泛蓝调调》为什么能够获得如此不朽的成功？有许多种说法。这些说法总是始于他录制过程中平静但严厉的领导。当时的钢琴演奏者比尔·伊万斯（Bill Evans）一直坚信秘密就在于，简单的和弦谱，以及戴维斯给乐队的含糊的指示。[2] 戴维斯经常会说“把这一节演奏得动听一点儿”；或者指着某人说，“你演奏这个音”；又对另一个人发出指令，“你演奏这个音”。但专辑的成功也可以归结于戴维斯让人始料不及的选择，将乐手进行出人意料的整合——精心挑选迥然不同的乐手，组成一种独特的音乐风格。对于我们这些研究成功学的人来说，《泛蓝调调》是一个在建立团队方面非常有吸引力的实验，它促使我们去追问：我们如何能够追随戴维斯的足迹，去组建一个必能成功的团队？

这个问题引起了布赖恩·乌兹（Brian Uzzi）的极大兴趣。乌兹是美国西北大学凯洛格商学院（Kellogg School of Management）的教授，研究团队动力学和团队创造力的根源。如果你在酒吧里偶然碰上他，可能绝对不会想到他是世界上顶尖商学院的明星教授。他留着一头凌乱的长发，身上穿着标志性的皮夹克，两只手上都带有好几个大号的银环。他看起来就像一位摇滚明星，更适宜骑在哈雷摩托车上，而不是身着一丝不苟的西服出现在公司董事会上。实际上，乌兹确实拥有一辆哈雷摩托车，也在一个摇滚乐队里弹奏贝斯，但当他用确定无疑的纽约口音开始同你分享他的研究时，你才会意识到，一个人的外貌是多么具有欺骗性。他是我遇到过的最具说服力的演讲者。

在过去的10年间，乌兹一直不懈地研究团队是如何运转的，什么时候优势明显，什么时候又会注定失败，这些工作为成功学的研究增添了活力。他将自己的工作称为"团队科学"。这一研究始于一个不大可能想到的主题：百老汇音乐剧。像爵士乐一样，音乐剧也是一项独特的艺术形式，充满了复杂的协作技巧。乌兹将利润和评价意见作为度量指标，用来分析公众对音乐剧的反馈。[3] 通过研究每一部音乐剧制作背后的创造性网络，他为团队的成功找到了一个最佳切入点。

当观看演出的时候，我们通常会关注明星。毕竟，他们表现角色，讲述故事，做了所有的事情。但事实是，明星与百老汇音乐剧的成功并无多大关系，这从音乐剧不断变化的演员名单上就能看出一些端倪。演出的成功取决于6个人的合作：曲作者、词作者、编剧、编舞、导演以及制作人。他们协同配合，塑造故事、音乐、舞蹈等要素；他们选择演员和演出剧场。一部音乐剧，比如《歌舞线上》（*A Chorus Line*），首先由马丁·汉姆里奇（Martin Hamlisch）这样的编舞构思舞蹈元素。汉姆里奇随后招募了其他5位不可或缺的团队成员，他们一道创造了票房奇迹，赢得了9项托尼奖（Tony Award）①。或者就像《金牌制作人》（*The Producers*）那样，由梅尔·布鲁克斯（Mel Brooks）这样的编剧发起，首先写出对白和情节。布鲁克斯请来一位导演、一位舞台监督，以及在音乐和舞蹈方面和他一样的行家里手，共同策划演出。《金牌制作人》是另一部爆红的音乐剧，连续演出了2502场，赢得了创纪录的12项托尼奖。如果这些元素任何一项有所缺失，比如剧本让人反感，或者歌曲不太上口，或者舞蹈动作并不出彩，无论让谁上台，这个音乐剧都不会成功。

"没有什么生意像秀场表演行业一样。"正如欧文·伯林（Irving Berlin）在

① 美国剧场界最高荣誉，于1946年设立，参选剧目包括话剧类和音乐剧类。——译者注

其闻名遐迩的歌中唱的那样，音乐剧是一个商业行为。一部成功走红的音乐剧可以为投资者带来数百万的收益。但是，如果表演太偏离观众的口味，离主流审美太过遥远，它就卖不出去票；若是表演太传统，又会遭到评论家的严厉抨击，从而吓跑观众。

乌兹和他的同事分析的来自百老汇的数据精彩有趣，结论确实可信。他们收集了超过 2000 名参与者的职业生涯数据，这些人共同推出了 474 部音乐剧，基本上含盖了你在百老汇看到的所有剧目。这当中，大约 50 部剧在试演过程中就已夭折。超过一半的剧目票房惨淡，毫无利润。事实上，只有 23% 的剧目能够挣钱。但是，按照成功第二定律，那些能挣钱的音乐剧将迎来无限的成功，赞誉和金钱双丰收。

若想一部音乐剧走红，传统和创新两个元素都必须具备。团队必须在熟悉的主题和方法上协同合作，以便创造出新的东西。这里有个例子。当罗杰斯和哈默斯坦为 1945 年爆红的《天上人间》创作音乐的时候，他们改编了费伦茨·莫尔纳（Ferenc Molnár）1909 年的舞台剧《利力姆》（*Liliom*），这部剧最初在匈牙利首演时，遭遇了彻底的失败。罗杰斯和哈默斯坦不仅将故事背景从布达佩斯变到缅因州的海岸，还在背景音乐上做了全新的改变。他们不是等到主角坠入情网时，才引出令人难忘的浪漫情歌，而是从一开始就融入几首爱情歌曲，这是一项在该类型音乐剧模式下的创新，且起到了作用。在《天上人间》这部音乐剧中，演员们在还未相互碰面之前，就用歌声表达了对爱情的渴望。就通过这么一点儿简单的创新，剧中的男女主角将观众在百老汇演出中追寻的那种纯真的爱情最大化。这种调整起到了作用。虽然莫尔纳的《利力姆》遭遇滑铁卢，但是《天上人间》却迅速成为评论和票房的热点，连续演出 890 场，并被多次翻拍。1999 年，《时代周刊》将《天上人间》提名为“20 世纪最优秀的音乐剧”。

因为协力合作，罗杰斯和哈默斯坦也寻找到一个重要的平衡点。罗杰斯在爱情方面是一个愤世嫉俗者，对那些甜蜜的曲调持有一种尖酸刻薄的态度，而哈默斯坦则是一位浪漫主义者，他自己创作的歌曲有时候会甜得令人发腻。当这对搭档凑在一块儿时，他们的才华得到了最好的平衡和协调。他们的友谊也促进了他们的合作，几年前他们共同创作《俄克拉荷马》时，就建立了深厚的信任关系，这种相互信任也被他们带到创作当中。

不过，乌兹发现，如果这个创新团队的其他几位成员也像这两位作曲家一样关系紧密，那么罗杰斯和哈默斯坦的音乐剧将注定会失败。这种组合紧密的“小团体”音乐剧表演，通常会被批评家认为缺乏创意，观众也避之不及。另一个极端同样糟糕，如果创新团队关系松散，他们就会竭力写出迎合大众喜好的剧本。事实证明，百老汇的成功之作需要传统和创新的精心平衡，而这只能通过合作者的特殊混搭才能最终实现。

成功的团队都有一个“独断专行”的领导者

巴拉兹·韦德里斯（Balazs Vedres）是研究成功学的一位研究者，也是我在布达佩斯中欧大学的同事，他对爵士乐狂热的喜爱，就如同乌兹对音乐剧的喜爱一样。同乌兹一样，他在乐队中演奏贝斯，而且也同样是一位社会学家，他们在团队协作如何塑造成功的研究方面持有相似的观点。通过调查爵士乐的整个发展历史，包括 1890—2010 年之间超过 10 万份已出版的演出资料，韦德里斯统计了专辑的再发行次数，结果发现，专辑主要创作人员的多样性与成功之间存在直接关系。[4]

韦德里斯在电子游戏开发行业中也发现了类似的机制，团队的组织形态会不断改变，以推出创新的产品。[5] 就像百老汇音乐剧和爵士乐乐曲一样，电子游戏也必须在创意和遵循传统上保持谨慎的平衡。游戏必须为大家所熟悉，方便操控，但同时也应有所创新，从而吸引玩家。因此，能够推出成功游戏的团队，其人才组成需要基本覆盖游戏开发的各个方面。然而更为关键的是，一个迈向成功的团队，它的一些成员必须部分重叠，通过共同的工作经历和紧密的合作关系来平衡差异性。多样性的程度，包括第一次合作的新员工与在职者、经过考验的真正朋友以及较为疏远的泛泛之交，对团队成功至关重要。

这些概念也是我为推进实验室的科研工作每天都要使用的。的确，科学面对的挑战太过复杂，没有谁能通过单打独斗予以解决。就像乌兹表明的那样，最有影响力的科学论文不是出自天才的独行侠，而是产生于团队。[6] 这个观点我牢记在心。为了有助于推动我们的一个项目，我会邀请一二十位研究员。他们中的一些人做解析计算，一些人做数值模拟，其中十多位研究员可能会开展实验验证。通常情况下，多样性就存在于学生、博士后以及教授之中，他们必须天衣无缝地紧密合作才会使项目产生成果。

然而，仅有多样性还不够。稳固的合作关系同样关键。我会给一个刚来实验室的新手搭配一位有经验的人员，通常是一位和我合作写出一两篇论文的博士后。我们也需要一些弱连接，比如以前从未合作过，但为项目提供关键设想和实验支撑的外部专家。

但是，无论如何看待这件事，有一个问题在团队研究中还未探讨过，那就是领导者。我的工作就是要领导一个实验室。我不可能将合适的人员叫到一块儿，然后扭头去夏威夷度假，只是祈求上天保佑，团队里的天才会显露才华将一切办妥帖。我组织的这个团队指望着我决定下一步如何走，在研究中补充哪些证据。无论喜欢与否，我不可能从这个集体中抽身而退，因为我是项目进展过程中的最终仲裁人。这也使我想知道：我们的成功有多少是与我让所有人自由地即兴发挥有关？就我所处的位置，在多大程度上，我需要独断专行？

詹姆斯·巴格罗（James Bagrow）的研究让我对领导力如何在团队背景之外发挥作用有了更多的认识。巴格罗曾经是我实验室的博士后，如今在佛蒙特大学管理着自己的一个实验小组，我们通常称他为吉姆。吉姆是一位温和的黑色幽默大师，有点儿悲观主义，这让他非常适合研究灾难场景，这个名字不那么好听的研究项目本来应该推动王大顺的研究生涯。事实上，吉姆是那篇名声在外的论文的第一作者，大顺刚来实验室时，还是吉姆的学徒。在那篇灾难论文还没有头绪的时候，吉姆并没有在意，而是继续坚持，终于使情况有了巨大的改善，并与另外两名博士后通力协作，写出了一篇令人耳目一新的有关网络社区的论文。在与美国西北大学的乌兹合作一段时间之后，吉姆现在已经成为团队科学这一迅速发展的研究领域里一颗冉冉升起的新星。

在一项特别有趣的研究项目里，吉姆探索了计算机程序设计网站 GitHub 中的庞大数据。[7] GitHub 使用户可以在软件项目上进行合作，这是极客的社交网站。它让软件开发者能够跟踪其他人的项目，同时还提供了用户活动的多维度信息，包括一个新团队什么时候建立的、成员什么时候加入当前团队，以及某人什么时候为合作项目贡献了一条代码。网站上的合作完全以自发组织的方式发展，团队成员通常从未碰过面。GitHub 还提供工具，帮助用户发现相关联的项目，用户可以关注某一项目，如果他们对一个特定团队的工作感兴趣。

吉姆通过计算有多少人关注某一个项目来估算一个团队的成功。就像科学论文的引用一样，关注的人数可以让我们了解大的群体对项目的反馈。吉姆将拥有大量关注者的项目视为成功，而拥有少量关注者的项目则视为失败。成功再次表现出高度的不平衡：绝大多数团队的工作内容未能引发他人多大的兴趣。不过，偶尔会有一个罕见的团队吸引大量的关注者。换句话说，GitHub 沿袭了成功第二定律，将无界的可见度赋予了少数几个项目，而其他项目都被忽略了。

在 GitHub 上，以团队的方式工作具有明显的优势。团队项目比单打独斗更能成功。团队越大，拥有的关注者就越多。由于 GitHub 可以跟踪每一位团队成员为项目所做的贡献，因此吉姆还可以知道，是谁完成了团队项目的主要工作。这就是说，吉姆能够测量出个人绩效。当他分析数据时，发现了一些异乎寻常的问题：团队中的贡献是失衡的。在很多情况下，程序代码最大的部分都是由某位团队成员单独完成的。团队越大，主要贡献者就工作得越努力。换句话说，每一个团队都有一位自然产生的领导者。随着团队成员数量的增加，领导者就会越来越明显地主导团队的输出。

这种贡献的不平衡并不是 GitHub 所独有的。我们就以维基百科页面背后数十个，甚至数百个编者为例。[8] 就像 GitHub 一样，维基百科也对每位编者的贡献进行了跟踪，使我们能够看到编者的工作是如何分布的。同样，付出是不均衡的：大多数编者几乎没做什么，只是改变一个词语，或者加上一小段新信息。而少数几个人则承担了繁重的工作，单枪匹马地创作，同时不知疲倦地编辑大部分内容。我们在另一组由高中生组成的团队中也发现了同样的规律。他们组队进行合成生物学研究，旨在诱导生物体的新功能，使细菌能有嗅觉，酵母细胞可以做数学。[9] 但团队规模越大，个人对最终成果的贡献就越不均衡。

最重要的是，在 GitHub 的案例中，吉姆发现领导者在团队里的参与度对团队的成功起着关键作用。无论程序的目的是什么，那些少有的、迅速的成功案例都有一些共同之处：一个团队越是由一个领导者单独主导，这个团队就越成功。

The Formula
The Universal Laws of Success

一个团队越是
由一个领导者单独主导，
这个团队就越成功。

The more they were dominated by a single leader,
the more successful they were.

"没有哪个恢宏的设想是在会议上诞生的。"这句话出自大家都熟知的斯科特·菲茨杰拉德（Scott Fitzgerald）。[10] 但吉姆的发现告诉我们，菲茨杰拉德并非完全正确，伟大的设想是能够从团队协作中诞生的，只是它必须由一位具有远见卓识的人单独打造，并引导大家走上行动的最佳路径。多样性为成功带来了最佳的组合，但要让这个组合发挥强大的力量，就需要一位领导者。事实上，一个团队在程序设计领域获取的成功越大，队员的贡献就越不均衡。一位发号施令的领导者会脱颖而出，并完成绝大部分的程序编写。不可否认，团队内的其他贡献者也会起到重要作用，提供关键的专业技能，同时查漏补缺。但将项目整合起来，纠正各个成员的错误，对认为不合标准的部分予以剔除，以及确保最终成果符合设想和标准，这一切都是由领导者来完成的。

那么，领导力大到什么程度就会适得其反了呢？如果仅凭像戴维斯那样的超级明星就能给合作项目带来巨大的不同，那如果同时有两位，甚至是5位超级天才，会有如何的提高呢？到什么程度会使人觉得，厨房里有太多的朱莉娅·查尔德（Julia Child）①？如果我们谈论的是人类超级明星，这是一个很难回答的微妙问题，但对鸡群来说，回答这个问题轻而易举。

都是能人等于没有能人

威廉·缪尔（William Muir）是一位从事动物繁殖方面研究的科学家，主要研究基因和选择如何共同产生行为特征。[11] 他同时还是一位教授，也是一位养鸡场的场主。尽管在彩色插图的儿童读物里，养鸡场的工作有些童趣的传奇色彩，但在现实中，养鸡场主脑子里只有一个目标：将母鸡的产蛋效率最大化。缪尔面对着一笼一笼的母鸡，对如何选择性地繁育它们，抱有狂热的兴趣。有些母鸡比其

① 美国知名饮食家、作家与电视节目主持人，她的食谱因将法国美食带给美国公众而闻名。——译者注

他的鸡更能下蛋，于是，缪尔决定使用他能够想到的最直截了当的办法：从每个鸡笼中挑选出最会下蛋的鸡，集中在一起，然后进行培育。他设想，经过几代的繁殖，他的鸡场会充满超级母鸡，产出不计其数的鸡蛋。换句话说，他会有一个全明星母鸡队。

为了比较，缪尔也选出了他最高产的鸡笼。虽然在这个特定鸡笼里咯咯叫着的每一只鸡并不都是下蛋高手，但作为一个团队，它们产蛋能力是惊人的。缪尔将这个鸡笼与超级母鸡并排放在一起，然后一笼一笼地繁育，再繁育。当然，问题的关键在于，随着时间的推移，超级母鸡的表现是否比对照组优秀很多？于是，缪尔让母鸡繁殖了六代（这是动物科学的标准做法），然后对原组母鸡的第六代子孙的产蛋量进行统计。

当缪尔首次将他的结果在学术会议上汇报时，他是从对照组开始介绍的。在六代以后，鸡群茁壮成长，不仅肥硕健康，整体的产蛋量也增加了160%。换句话说，实验已经取得了成功：缪尔证实了，他随机组合的团队，也就是那个产蛋最多的鸡笼在被隔离和选择性繁育后，显著地增加了产蛋量。这也意味着，他那些根据个体产蛋率而挑选出来的超级母鸡，要超越这一对照组的难度很高。

但当缪尔开始放映超级母鸡笼的幻灯片时，观众们却倒抽了一口气。经过六代的繁育，超级母鸡的后代们看起来一点也不像超级母鸡，倒像是刚刚从炼狱中逃亡归来。首先，9只母鸡仅剩下了3只，失踪的6只被它们笼子中存活下来的同伴给“谋害”了，而存活下来的3只也未能健康成长，它们的羽毛大部分已脱落，鸡尾也只剩下一束参差不齐的破损羽毛，翅膀上光秃秃的皮肤布满了疤痕。笼子成了一个战场。直到缪尔的实验趋于结束，鸡对产蛋一点也不上心。受到持续内斗所引起的伤残和焦虑，这些鸡不再下蛋了。

想一想我们自己的生活，找出这样的例子也并不困难，太多的领导者经常导致争吵不休，背后捅刀，相互恐吓伤害，暴露出了鸟性和人性最恶劣的一面。杜克大学就有一个出了名的例子。20世纪80年代末、90年代初，杜克大学希望创建世界上最好的英语系，决定雇用他们所能找到的所有文学大佬。不用多说，最后的结果远远出乎他们最初的期望。这个系被拆散了，形成了相互对抗的批评理论、全然不同的课程大纲设计，最终成了互相冲突的个性的牺牲品。[12]

2014 年，一项研究探讨了职业运动的“能人太多效应”。[13] 研究发现，在足球和篮球运动项目上，能人使球队受益，但需要有一个适当的度。不出意外，最强的能人会带来更多的胜利。但是，当球队有太多杰出的运动员时，球队可能就要遭殃了。足球和篮球要求队员之间紧密配合，拥有太多的主角会损害合作和运动的表现。

鸡群、英语教授以及足球运动员都说明了同一个问题：在我们挑选能人的时候，如果将个人凌驾于团队之上，就很难取得期望达到的结果。事实上，无论对于什么物种，用这种方式进行团队整合，只能适得其反：控制欲使人们脱离正轨，没有谁能集中精力关注正在从事的工作。

The Formula

The Universal Laws of Success

在我们挑选能人的时候，
如果将个人凌驾于团队之上，
就很难取得期望达到的结果。

When we handpick for talent, prioritizing individual accomplishment over team achievement, we rarely get the results we hope for.

就像吉姆的研究表明的那样，领导者和团队大佬对团队的成功极其重要，但太多的领导者也会坏事。有时候，失败的原因显而易见：自我价值互不相容，鸡蛋也就生不出来了。但也许更常见的是，失败的根源远远比这微妙，比如，一个群体是否能够作为一个团队充满智慧地展开工作。

沉闷的小集团，默默滋生的“集体糊涂”

智力测验尽管存在诸多非议，仍然是学术和专业成功中最稳定的一部分预测因子。通过测量人们如何有效地记忆、保持，以及处理新信息，这些测验能够判断一个人的“一般认知能力”，或者说智商。轻碰你的邻座，示意他给你帮助，这可能是作弊，但这也可能最好地反映了，我们在当代的工作场所里是如何解决问题的。卡内基梅隆大学的阿尼塔·威廉斯·伍里（Anita Williams Woolley）与几位麻省理工学院的同事正在研究一个简单的问题：我们能够测量一起工作的一群人的智力吗？也就是说，我们能够测量集体智慧，捕捉到一个团队作为整体履行任务的能力吗？[14]

他们要求互不相识的三人共同完成简单的任务：比如，列出一块砖的用处，拟订去杂货店的计划，用游戏机玩跳棋。在全组寻求解决方案的过程中，每一位成员的行为都被研究人员记录了下来。研究结果让人大跌眼镜。比如，高智商的团队成员与他们智商稍低的对手相比，在集体智慧上并不占优势。事实上，在群体表现的背景下，个体智力似乎并不重要。诸如团队成员的意志力，或者各自的满足感等其他因素也同样不重要。

真正重要的是参加测试者的交流方式。

- 首先，如果小组中的个体在认知他人情绪方面有高于平均水平的能力，团队就会有好的表现。

- 其次，相比于成员之间更为平等的小组，少数人主导话语权的小组集体智慧偏低。换句话说，最好的团队是成员分享讨论时间，倾听其他成员意见的小组。
- 再次，从前面两个因素中衍生出来一条有趣的分枝：有女性成员的团队，集体智力高于没有女性成员的团队。

集体智慧测试提供了确凿的证据，证明小组个体成员的能力并不是团队表现主要的决定因素。近来，无论是开发一款新产品，还是通过一部新法律，大多数重要的决定都是由团队做出的。因此，有效利用集体智慧是大有裨益的。如果我们不这样做，很多事情可能就会出差错。比如，肯尼迪政府在古巴猪湾的惨败；布什政府在应对卡特里娜飓风这件事件上令人痛苦的拖延，以及漏洞百出的反应；还有2002年瑞士航空公司的倒闭，它曾因财务的稳定性而有“空中银行”的美誉，但也助长了管理层的盲目自信。这些都是我称为“集体糊涂”的例子。我的同行将其称为群体思想，这个表述听起来会顺耳一点儿。但无论你给它起什么标签，当团队变成沉闷的小集团，努力试图在一个有缺陷的计划上达成一致，而不是寻求替代解决方案，这时群体思想就冒头了。[15] 在事后认识到集体糊涂很容易，但更有价值的是，深思熟虑地创建一个运作良好的团队，用科学来避免可能来自合作的陷阱。

面对面交流的红利

通过整合这些深刻的见解，我们发现了团队运作方式上存在的一个重要分化。团队的成功需要平衡性和多样性，但也需要一位领导者。在这个团队日渐庞大，成员分散各处的世界里，团队科学为如何将团队成功最大化，提供了恰到好处的建议——对领导者给予信任，建立一个专业性的、多样性的小组辅助他的工作。如果缺乏杰出的、具有远见卓识的领导者，一个团队也许也能做好基本工作，但不大可能获得重大突破，使某一项目在荣誉簿上涂上浓墨重彩的一笔，特别是在非常看重受众反应的领域，类似于米尔斯·戴维斯，奥普拉·温弗瑞和杰夫·贝佐斯（Jeff Bezos）这样的人物就极其重要了。

不过请记住，仅有领导者是不够的。仅有一群组合适当的合作者亦是如此，尽管他们能为项目带来广泛的经验、观点和见解。我们同时需要这两个因素。集体智慧取决于团队成员，他们与有远见的人一起讨论，倾听意见，让不同的观点浮出水面。数据一次又一次地告诉我们，组建和管理团队是一项精巧的科学，可以决定一个项目的成败。

换句话说，要使一个团队成功，仅仅有“最佳”的个体成员是不够的。事实上，正如我们所看到的，**一个全明星团队可能会将一个项目迅速引向失败。使团队成员可以和谐地相处，公平地评价他们的贡献，这才是最重要的。**

我的同事阿莱克斯·彭特兰①是麻省理工学院媒体实验室的研究员，他明确无误地证实了这一点。他将一个银行的电话中心转化为他的实验室，进行了 6 个星期的试验。[16] 员工除了他们通常装配的头戴式受话器，还带上了彭特兰提供的经过特殊设计的电子徽章，用来收集包括员工的语调和聊天的频次等所有的信息。聊天的内容并不是关键，也不重要。这些徽章所要收集的是交际背后的行为模式，而这些是其他方法不容易测量到的。

数据显示，团队成员之间面对面的交流，对团队表现起着极其重要的作用。此处的交流指的是那种传统的、非正式的闲聊，人们会进行眼神交流、谈笑风生、分享故事、哈哈大笑，或者提问、倾听。电子邮件和上班时的简要通知虽然“直达要点”，但不会为交谈、闲聊，或自发的问题处理提供多少机会。

---

① 阿莱克斯·彭特兰（Alex Pentland）是全球大数据专业、可穿戴设备之父，其经典著作《智慧社会》是大数据极客们对新领域令人印象深刻的一次探索。通过研究人类在生活中留下的各种数据，彭特兰能够找到人们互相交流、合作的规律。该书中文简体字版已由湛庐文化策划出版。——编者注

事实上，电子邮件是最没有价值的交流方式，因为它太有效率了。在大家都知道的饮水机旁闲聊（从管理者的角度来看是浪费时间）才是真正起作用的。虽然这看起来像浪费时间，但实际上是员工做的重要工作，通过流利的交流强化合作关系。该研究建议，管理者应该鼓励开会时的闲聊和私下窃语（尽管这种行为在所有中学都是严令禁止的）。这能帮助建立团队成员之间的和谐关系，帮助人们迅速澄清问题，为发挥创造力打造了良好的环境。

令人吃惊的是，这个建议真起作用了。这些更“人性化的”面对面的接触，使平均话务处理时间总体降低 8%，在表现差一些的小组里，更是达到惊人的 20%。这种方法违背了传统的商业实践，但它对每一位在线等候，看着时间流逝的人来说，影响是巨大的。一个附加的好处是，它能创建一个明显、更具合作性的工作环境。

总而言之，新的方法对银行的盈利产生了重大影响：这些在所有团队里实施的微小调整，带来了效率的提升——一年内收入增加了约 1500 万美元。

平衡性和多样性的重要作用并不仅仅限于电话中心。确实，彭特兰在创新者团队、医院术后护理人员、银行出纳员、营销部门，以及后台操作团队中，连续记录了同样的规律。真正以团队精神相互交流的团队往往更有产出，那些平衡好组内与组外交流的团队，会更具创造性。从不同的成员个体中寻找新的观点和见解，对团队表现有至关重要的作用。

这里还有一项更令人惊讶的发现：不用组织下班后的聚会，只需要将午餐桌弄长一点儿就可以促进团队建设。在每个工作日的中午，如果你坐在一个恰好碰到的同事身旁，就有机会认识共同的挑战，交流新的观点。显然，下班后与同事喝一杯则不具有同样的效果，因为人们在酒吧会待在自己熟识的小圈子里。

也许，对推进团队工作的管理者来说，最重要的一点是，研究人员不断发现，使人们了解到自己的交际动态能带来工作上的明显提高。通过将交际网络可视化，管理者可能会认识到，他们过度主导了会议；内向的员工可能认识到自己没有走出舒适区；而团队成员可能认识到，他们并不是处心积虑地相互利用。在许多员工都不喜欢当前工作的氛围里，改善人际交流对每个人来说都是一种共赢。

戴维斯无可争议的杰作是由几位经验丰富的乐手录制的，他们以前从未一起组团演奏过，这不是一个巧合。当韦德里斯绘制出专辑中乐手之间的人际关系时，他发现戴维斯不仅仅是一位了不起的乐手，还是一位了不起的团队组建者。他凭直觉所做的所有事，在半个世纪以后为团队科学所证实。比如，若想组建一个乐队，需要高超的平衡技巧；当乐手之间太过紧密，或太过疏远时，他们推出的乐曲专辑无一例外都不会成功。若想获得积极反响所需要的多样性，乐手之间就需要交流。比如，只是将一些不常见的乐器扔在一起，努力创造出一种实验音乐，实际上是行不通的。韦德里斯表明，通过多样性的合作所取得的多样性的音乐风格，对乐曲专辑的影响比其他任何因素都重要。差异带来作品上的与众不同。

团队成功是一项寻求微妙平衡的工作，这也是戴维斯的强项。[17] 他组合出一个“禁三元组”（forbidden triads）①，这是一个网络科学专用词汇，用来表现两个互不相连的人与同一人有着紧密的关系，就像你的姐姐和你的老板都与你有紧密关系，但他们彼此之间并没有直接联系。[18] 当戴维斯邀请钢琴师温顿·凯里（Wynton Kelly）参与乐曲《不速之客弗莱迪》（*Freddie Freeloader*）的录制时，他之前从未和凯里搭档演出过。如果让一位局外人参加演出，有

---

① 根据格兰诺维特的社会网络理论，如果两个节点和另外一个节点有很强的连接，那么这两个节点也应该有连接。所以文中描述的结构理论上不应该存在，因此被叫作禁（forbidden）三元组。——译者注

可能会带来灾难性的结局。但凯里同乐队里边至少两位乐师同台演出过几场，因此，他的参与为戴维斯精心挑选的乐队既带来了熟悉感又增添了新鲜感。

你还记得那个人吗

《泛蓝调调》和韦德里斯对爵士乐专辑详尽的研究告诉我们，团队成功有一个“最优点”：团队不同的贡献者为团队自发地出力，但由单独一位领导者引领。举个例子，如果戴维斯将音乐专辑录制的领导权让给乐队每一位成员共享，《泛蓝调调》肯定不能成为爵士乐最具标志性的唱片。就像鸡笼里挤满了一流的下蛋高手一样，如果让天才的爵士乐手们留在录音棚里自由发挥，最后可能也是一片狼藉。

但有一个问题有点儿令人奇怪：你会记得戴维斯是一个杰出的名字，是这张专辑的所有人和音乐大师。这是很公正的，因为是他的天赋促成了这一切。但你是否觉得有些怪怪的呢？因为还有其他 5 位世界级天才全心全意地奉献，才造就了《泛蓝调调》的巨大成功。

还记得那个人吗？他在开会以后才露面，却不知怎么的就成了老大。是时候去重视他以及他的好运了！

09

用算法
找到被忽略的
科学家

The Algorithm
That Found the Overlooked
Scientist

事关他人看法，
无关能力表现

我是在3年前第一次知道道格拉斯·普拉舍这个人的，我们那时刚开发出的一个算法做出了一项出乎意料的预测：普拉舍应该成为2008年诺贝尔奖获得者。[1]

然而，奖项却颁发给了其他3位科学家。而更令人奇怪的是，我们在任何地方都无法找到普拉舍。他不在任何大学的师资名单中，也没有在工业界的研究所里。事实上，随着调查的深入，我们发现他近10年没有发表过一篇研究论文。这真的令人感到困惑。根据我们的算法，这个家伙应该获得诺贝尔奖，但他似乎在地球上消失得无影无踪。

我们经常把科学视为独行天才的任务，[2] 像居里夫人在实验室整夜地工作；或像牛顿和爱因斯坦，在苹果树下，或在僻静的专利办公室里冥思苦想。但在今天，科学研究通常以团队的形式开展，团队成员协同工作，每个人都贡献出自己独特的专业特长。这就使我们表彰杰出科学家的方式变得过时了。像诺贝尔这样的重要奖项面向个人成就，这是20世纪的风格。在独一作者的论文极其少见，而合作研究越来越重要的年代里，一项诺贝尔奖授予最多不超过3位受奖者的规定，使功劳的分配变得复杂化了。正如我们在第8章所提到的那样，从20世纪90年代开始，具有巨大影响力的科学发现从来不是由一位天才单独做出的，而是依靠庞大的团队。那么，在众多的贡献者中，诺贝尔委员会如何来决定，谁应获此殊荣呢？

这个问题不仅仅限于科学界。在大多数涉及团队工作的情形下，一些人会获得奖金，另一些人被给予提拔和加薪，而绝大多数人都被忽略不计。当我们采取平均主义的方式对待团队工作时，我们会面对混淆贡献者的作用、不知如何分配奖励的风险。

沈华伟算法：定位荣誉的获得者

2013年，一位来自北京的颇有建树的计算机科学家沈华伟加入了我的实验室。尽管团队的人还不熟悉他，但他很快就熟悉了团队工作。除了管理在他院所的一个网络科学实验室，他还将我之前的一本书《链接》[①] 翻译成中文。沈华伟殷切地加入了我们规模虽小，但在不断发展的“成功学课题组”。每当我们开始一个新项目时，就会组织一个期刊报告会，这是一个阅读小组，综合考察当前的科学文献，从而了解在某一特定领域正在进行什么样的研究。我们每一个人都要阅读一大堆论文，为实验室的其他人总结主要研究成果。考虑到每一年都有上百万的论文问世，这也是我们能找到的唯一方式来探索这片知识的海洋。

---

①《链接》一书讲述了一种整体的、关联的、系统论的审视世界的方式，使我们不仅仅将视野局限于孤立的单元。该书中文简体字版已由湛庐文化策划、浙江人民出版社出版。——编者注

在一次类似的期刊报告会上，华伟介绍了一篇社会学论文，研究的主题是科研领域中的功劳分配。当讨论这个问题时，我们意识到自己领域的功劳分配协议也是很怪异的。你得从一个局内人的角度去体会其中的微妙。以那篇报告发现了 W 和 Z 粒子的论文为例，其作者一共有 137 位科学家。他们当中谁会拿走诺贝尔奖呢？当然，拿走大奖的是排名第 105 位和 126 位的两位作者——卡罗·卢比亚（Carlo Rubbia）和西蒙·范德梅尔（Simon van der Meer）。诺贝尔委员会设法厘清了谁做了什么，谁应该分得功劳的绝大部分——无论作者的排名是在什么位置。但是，这到底是如何做到的呢？

当我们在期刊报告会吐槽我们专业奇怪的功劳分配方式时，我向华伟提出了一个挑战性的问题，如果诺贝尔委员能够从 100 多位科学家中挑选出值得获奖的人，那我们为什么不能呢？

华伟开始研究这个问题，几周之后便开发出了一个算法。[3] 它就像永远指着北方的罗盘，可以轻易地从一长串做出贡献的科学家名单中，定位每一位诺贝尔奖获奖者，就仿佛这些人带有磁性一样。无论获奖者是物理学专业（在论文中，作者有时候是按姓氏字母顺序排列），还是生物学专业，团队领导者的名字通常都列在作者的最后一位，我们大都可以正确地预测谁会获奖。我们都被算法的准确性惊呆了。这个算法不仅能够毫不费劲地从那篇论文的 135 位作者中选出了卢比亚和范德梅尔，与诺贝尔委员会的选择一致，还能够在过去 30 年中所有的诺贝尔获奖论文中做出同样正确的判断。

只有几个案例，我们的算法和诺贝尔奖委员会的意见不一致。[4] 它们都是充满流言、八卦的案例，功劳分配不公的传闻在委员会中产生了纷争，也引起了获奖者本人的关注。其中的一个问题特别令人好奇：不知是什么原因，就好像 GPS 因前方道路封闭而失控一样，我们的算法一直坚持 2008 年的诺贝尔化学奖应该授予普拉舍。但问题是，他似乎已经从这个地球上消失了。

直到我们最后找到他。他既没有躲藏在政府的秘密庇护所里，也没有隐藏在神秘的高科技公司的防火墙后面，而是生活在亚拉巴马州的亨茨维尔（Huntsville），在一家丰田汽车专卖店开一辆免费接送人员的面包车。当顾客把自己的车留在店里保养维修时，普拉舍就会用这辆车将他们载回去上班。

究竟发生了什么？要找到答案，需要进行一些侦探工作。

普拉舍是第一位成功克隆绿色荧光蛋白（GFP）的科学家，这是一种发光的蛋白质，能够使水母在海洋深处的黑暗世界里闪闪发光。从本质上来讲，绿色荧光蛋白是一个可以依附在任何蛋白质上的微小手电筒，当在显微镜下观察蛋白质的时候，我们能够精确地看到它们是何时产生的、它们在细胞里朝哪里移动，以及它们是如何、何时消失的。绿色荧光蛋白是“生物化学的导航星”，诺贝尔基金会在宣布获奖者的名单时这样说。

普拉舍也是第一个看到绿色荧光蛋白应用潜力的科学家。当他还是一位年轻的研究员的时候，就在死去的水母那胶状似的污物中进行深入探索，远远早于认为它们值得研究的其他人。他不但亲自上阵，使用水面拖网捕获水母，一桶一桶地从它们身上提取生物发光蛋白，还从冰冻的手工采集的细胞组织中，获取水母 DNA，建立了庞大的信息库。更为重要的是，他第一个发现了发光蛋白的基因编码，这在当前医学研究中被广泛使用。而且，普拉舍充分地认识到了他所发现的绿色荧光蛋白的巨大潜力，他甚至设想出来一种方法——从水母中提取了那种物质，然后克隆它。

今天，几乎所有的分子生物实验室都依赖他的发现。如果你要探索肿瘤如何长出癌组织，老鼠在迷宫中确定方向时大脑是如何工作的，开发治疗糖尿病的下一代药物，你就需要使用绿色荧光蛋白。几乎没有什么工具对现代生物学和医疗产生过如此巨大的影响。因此，诺贝尔委员会希望为绿色荧光蛋白的发现者授予荣誉，这一点也不令人奇怪。但令人奇怪的是，获奖者不是普拉舍。

我们的算法成功预测了数十项获奖的科学发现，它证明诺贝尔委员会应该不会出差错。那么，在2008年，究竟是什么地方出了差错呢？为了找到答案，我们就需要审视在不同领域的团队合作中，功劳是如何分配的。

集体的顶级成功，源于个人对荣誉归属的毫不在意

2年前，我收到了一条信息，它是我在波士顿的邻居阿科斯·厄多斯（Akos Erdos）发来的。“我搞到了几张星期日音乐会的票，是我喜欢的一位歌手，但我要出城。”他写道，“也许你会用到这些票。”那天晚上我正好没事，孤身一人，于是就答应了。当厄多斯告诉我有关音乐会的详细信息时，我高兴坏了。他转给我的票是诺拉·琼斯（Norah Jones）的演唱会。自从她2002年发行第一张专辑《远走高飞》（*Come Away with Me*）后，我就成了她的超级粉丝。从那之后，每一张新专辑出来，我都要将它添加到我的音乐收藏夹里。每一次当我需要安静，或需要头脑清醒时，就会听她的歌曲。事实上，我几乎每个晚上，都是在她的歌声伴随下入睡的。

4天后，我来到了波士顿市中心的奥芬剧院（Orpheum Theater），第一次听到琼斯本人那柔和舒缓的歌声。令我惊讶的是，尽管她声音圆润、自信，广为大家熟悉，但她在舞台上一点也不张扬。我记得，场上音乐浑厚、圆润悦耳，但身高仅1.52米的琼斯在舞台上的人群中并不显眼。在演唱中间的间隔里，她会向她的团队成员大声呼叫——她的贝斯演奏者、吉他手、鼓手、风琴手，刻意地叫出每一位乐手的名字。当然，我们也会跟着礼貌性地鼓掌，但我现在确实记不住他们中任何一位的名字。我几乎记不住有哪些伴奏的乐器，除了钢琴，因为有时候她会自己亲自去弹奏。当有人问起我周末干什么去了时，

我会告诉他们，我去听琼斯的演唱会去了，而不是说，我去听琼斯、杰森·罗伯茨（Jason Roberts）和格雷·威克佐里克（Greg Wieczorek）的演唱会去了。尽管在谷歌快速搜索一下，你就知道琼斯确实和他们以及其他几个人同时出现在舞台上。她那如雷贯耳的鼎鼎大名，使人们想到一张熟悉的面孔，一种熟悉的歌声。每个人马上就知道我在说谁。如果我说，我去听杰森·罗伯茨或者格雷·威克佐里克，甚至穿长靴的猫乐队（Puss n Boots）的演唱会去了，别人会糊里糊涂，不知所云。

像罗伯茨和威克佐里克这些看不见的乐手，到处皆有。2009 年，《点球成金》（*Moneyball*）的作者迈克尔·刘易斯（Michael Lewis）就在《纽约时代》杂志为这样的一个人写了一篇很有意思的人物介绍。他就是篮球运动员肖恩·巴蒂尔。传统的统计数据表明，为休斯顿火箭队效力的巴蒂尔以 NBA 标准来看，是一位非常平庸的运动员。他的运球能力差，很少尝试投篮，抢不到几个篮板球。他动作缓慢，缺乏快速移动，得分也很不起眼。看过他的比赛和统计数据的篮球粉丝很快会将他遗忘。但当他在赛场上凶狠地防守时，被防的运动员似乎把他视为，与其说是威胁，不如说是令人恼怒的障碍。他就像一只 2 米长的大蚊子，进攻方必须一刻不停地挥拍才能将它赶跑。

巴蒂尔身上还有一些独特的东西：只要他在球场上，他的球队就极有可能赢下比赛。[5] 巴蒂尔研究了其他球员的弱点，利用这方面的知识巧妙地制服他们。他的风格是不温不火，在整个球场跑动，在一些出乎意料的位置削弱对手，他似乎在雷达的指引下满场飞，同时出现或消失在赛场上的某个地方。他和球队如此团结，如果不是那件非常醒目的、红白相间的球衣，他可能就会消失在队员当中。还不止这些，统计数据显示，当巴蒂尔防守科比·布莱恩特时，湖人队的进攻比那晚布莱恩特不上场还要糟糕。换句话说，用大多数衡量指标来看，一位仅是中等水平球员的巴蒂尔使篮球大神布莱恩特成了“他自己球队的祸害”。然而，他没有从火箭队 2006—2011 年的胜利中得到过任何褒奖，无论是从体育节目解说员、球迷、其他运动员，甚至是从他自己的队友那里。

哈里·杜鲁门（Harry Truman）曾经说过："如果大家都不在乎谁去获取荣誉，我们将会取得多么大的成就啊。"[6] 巴蒂尔无疑是这一见解活生生的证明，他在球场上展现了无私和谦和的品质到底能够发挥多大的作用。将杜鲁门这句名言赋予加利福尼亚大学洛杉矶分校篮球队教练约翰·伍登（John Wooden）也是恰如其分的。在巴蒂尔之前，他就清楚地认识到，真正具有团队精神的队员会对体育运动产生多大的价值。还有同样的观点，也许来自英国小说家查尔斯·蒙太古（Charles Montague），他写道："一个人的成就是没有限度的，只要他毫不在意谁会为这项成就获取荣誉。"若是某句明言明语说，"功劳就是要在众人中分配的"，那不是令人啼笑皆非吗？

但是，我们周围那许许多多看不见的，诸如巴蒂尔、罗伯茨以及威克佐里克这样的人物，向我们提出了一个重要问题：如果没有人去索要功劳，谁会得到它？任何人，只要是在团队中工作，无论是一位写代码的程序员，或是一位帮助发射下一颗卫星的工程师，抑或是一位协助肝移植手术的医生，你肯定会琢磨，谁将因这些集体成就而最终获得认可。我当然也琢磨过。幸运的是，我们在功劳分配方面所做的研究为这个问题提供了一个答案。

荣誉与谁做的工作没有一点儿关系

华伟算法背后的机制很简单：论文引用的方式（不仅仅是我们关注对象的论文，还包括所有合作者撰写的论文）会留下影响力的痕迹。我们可以测绘出这个痕迹，测量出一个群体的认知，谁应该为某项发现获得荣誉。如果某位科学家对某一深刻见解的提出起到了至关重要的作用，他之前的工作就可能与此有关联。当有了重大的发现后，他通常也会在这个领域继续专研。我和华伟发现，如果我们跟踪一个科学团队每位成员的职业道路，就能够准确地认定某一科学发现的可能"功劳获得者"，他总是那位一直在领域里持续工作的研究人员。

举一个有趣的例子。如果我和教皇合作写一篇论文，那么功劳将归于谁呢？这得视情况而定。如果论文是探索一个深奥的神学问题，而我的贡献仅是帮助他使用解决问题的网络科学工具——这也是我能为神学讨论做贡献的唯一方式，那很显然，这篇论文是教皇的。当神学家引用这篇合作论文时，他们也会引用教皇的其他著作，而我将是一个不起眼的角色，搭上了顺风车让自己的名字出现在论文作者的名单里。但另一方面，如果这篇论文主要讨论的是网络科学，那么结果就会完全不同。在这种情况下，恕我对教皇不尊，这篇论文就是我的。教皇可能获得神的力量，使他具有独特的见解，其中一些见解可能对论文的关键构思做出了贡献，但由于他没有任何网络科学相关的研究记录，与此工作相关的只能是我。一篇署名为“方济各（教皇的名字）、巴拉巴西”，或者“巴拉巴西、方济各”的网络科学论文，并不会成为我们俩共有的论文。它是我的论文。

对于我来说，算法背后所隐藏的最令人想不到的信息是：**当我们把功劳分配给团队的成员时，谁获得荣誉，与谁真正做了工作没有多少关系。**我们分配奖励，并不一定依据谁最先想到某个观点、谁连续几周辛勤地工作、谁蹭了几次会议喝喝咖啡吃吃点心、谁在最后关头匆匆忙忙提出了一个重要建议、谁突然想到一个答案然后高叫“我找到了”，或者谁老是抱怨却什么贡献也没有。算法准确地挑出诺贝尔奖获得者，给予他们奖励，并不是依据谁做了什么。它达到这一目的是通过分析这个学科的同行，对一些合作者的工作给予了多大的关注，同时多大程度上忽略了其他合作者的工作。算法预测的准确性让我们对团队有了新的见解：**团队工作的功劳并不依据于能力表现，而是基于他人的看法。**这完全是合情合理的，如果我们还记得成功是一种集体现象，关键在于他人如何看待和理解我们的能力表现。旁观者和同事根据对我们相关工作和合作工作的感知来划分功劳。将这一见解和第 8 章的观点结合起来，我们就得到成功第四定律：

团队的成功需要多样性和均衡性，但功劳往往归于一人。

The Formula
The Universal Laws of Success

团队的成功需要多样性和平衡性，但功劳往往归于一人。

While team success requires diversity and balance, a single individual will receive credit for the group's achievements.

理解这一点对于成功来说是极其重要的，它能帮助我们将成功第四定律转换为一种工具，既能使团队协作发挥最大的效益，也可以得到我们应该得到的功劳。

为什么我们永远只看到超级明星

我永远不会忘记那张发布于 2015 年令人心碎的照片，一名刚刚学步的叙利亚儿童面朝下躺在海边的沙滩上。[7] 他被轻柔的海浪拍打着，疲倦的身姿和大多数在外尽兴地玩了一天的孩子们并无两样。但迎接他的不是父母的拥抱，那片海滩成了他毫无生气的身体赖以依靠的肩膀。他穿着薄薄的 T 恤，肚子露出一小块，看起来似乎能感觉到丝丝寒意。

成千上万绝望地逃离饱受战火摧残的家园，最后却成为溺亡在大海里的逃难者，他只是他们中的一个。但他的形象却在我们的脑海里留下了深深的烙印。当听到有关难民危机的统计数据时，我们不为所动。数字并不与事件的真正恐怖关联，因此它并不会在我们的大脑里产生共鸣，促使我们采取行动。然而，随着一张面孔、一个人、一张照片的出现，那个客观环境的恐惧突然一下就击倒了我们。简而言之，对于世界上广大的人们来说，那个小小的身体成了我们对可怕战争应该采取一些行动的理由。在他的照片披露以后，与难民相关的公益事业的捐助资金就翻了几百倍。

生存促使我们的大脑忽略大量的数据点，而关注威胁我们生命的猛兽，或是维持我们生命的浆果。进化也同样使我们建立关系纽带。在现代社会里，我们生物本能的残余部分用我们经常意识不到的方式影响着我们的决定，比如确定谁为一项干得漂亮的工作获得奖励。

这种趋势，也就是关注个人能力表现而不是团体成就、追求一个单独的面孔或英雄，已经在我们的文化中根深蒂固。我们将重要成果划归于某一独立创造者，比如达尔文的进化论、弗洛伊德的精神分析学说、弗兰克·盖里（Frank Gehry）[①] 的建筑设计、朱莉娅·罗伯茨的电影，或者大卫·林奇（David Lynch）的电视连续剧。同样，我们根据个人的工作量做出雇用、升迁，或者聘用的决定，而忽视了在当今时代，一个人独自战斗的情况是如何稀少。

想想安迪·沃霍尔的浓汤罐头拼画和伊隆·马斯克（Elon Musk）的电动汽车，那些在背后辛勤工作的人们甚至就没有被提到过，这是许多成功故事里常见的粗暴的疏忽。在诸如电影演员表和科学研究的作者署名中，团队的成员得到了仔细周到的认可和致谢，但即便如此也没有多大意义。当我们浏览整个

① 美国后现代主义及解构主义建筑师，曾获得普利兹克奖。其作品包括西班牙毕尔巴鄂古根海姆美术馆、洛杉矶闹市区的迪士尼音乐厅、巴黎的路易威登基金会艺术中心等。——译者注

名单时，那许许多多不熟悉的名字与我们毫无关系。而另一方面，我们以前见过的那些名字则会凸显出来，就像用普拉舍的绿色荧光蛋白点亮的蛋白质，散发着耀眼的光芒。直觉是一种几乎无意识的反应，是我们的大脑将无关紧要的细枝末节过滤掉的一种方式。

功劳分配同样受到锦上添花现象的引导，这在每一个领域里都可以看到。成功第三定律背后的机制——优先连接，并不局限于收入、可视度和文献引用，也同样适用于功劳分配。就像满怀歉意的银行管理者迅速提醒走进办公室却没有任何借贷纪录的贷款申请者：我们只贷款给那些已经贷过款的人。[①]

这也意味着，合作存在危险。比如，我为实验室工作的博士后所撰写的论文出过力，将我列入作者名单之列，理论上是合情合理的。30 年的研究经历让我的名字更被认可，更容易被实验室外的同行注意，增加了他们对该研究关注的可能性。但这也同样带来了不利因素：尽管大顺花了多年的时间，为我们共同撰写的有关成功学的论文倾注了不懈努力，然而一旦我的名字上了作者名单，人们会将他的发现与我联系起来。他们会将论文的绝大部分功劳错误地分配于我，就因为他们对我的工作更为熟悉。这是一个远远超出科学范畴的问题。

如果给你提供一份职业，与一位领域里盛名在外的人一起工作，你可能会觉得很幸运。你不仅有机会接触一位权威，还能够在重大项目上参与合作，提高你履历表的分量。你可以向最优秀的人学习，甚至可能顺着台阶爬到领导者的位置。当寻求其他工作时，可以利用这个人脉获取好处。想一想，从你专业的一个领军人物那里拿到一封推荐信，而他正好是一个能名正言顺地考察你能力的人。

做学徒是一种被证明可靠且受到各地老一辈人欢迎的方法。虽然它有显

① 双关语，“credit”既可以表示功劳荣誉，也可以表示贷款，所以也可以理解为，我们只把荣誉给那些已经获得过荣誉的人。——译者注

而易见的益处，但长期来看，也可能是失败之举。想想那些成千上万的工程师和设计师，正是他们不知疲倦的工作，使乔布斯“发明”了 iPhone；想想那几十位艺术家、工艺师以及工程师，是他们帮助概念艺术家奥拉弗·伊利亚森（Olafur Eliasson）构想并建造了布鲁克林桥下的瀑布；想想诺拉·琼斯的乐队成员，他们在重要演出的舞台上度过自己的职业生涯，却总是在比他们不知光彩夺目多少倍的歌星面前黯然失色。不可否认，每一个乐队都需要一名贝斯演奏者，每一款新 iPhone 的发布需要无数工程师们的创造力。但如果你想成为乔布斯，或者伊利亚森，或者琼斯，就不能够永远做伴奏。你需要尽快启动优先连接，建立你自己的荣誉。

我告诉自己的学生，与一位名头响亮的人一起工作有利于在科学研究上积攒名声，这在最初阶段是最好的方法。[8] 但是，在某个时候你需要独立出去。这个忠告不仅仅是我作为科学家的经历有感而发，它实际上也基于科学。比如，我们的算法表明，那篇 1997 年带来诺贝尔物理学奖的论文于 1985 年首次发表时，是“属于”阿瑟·阿什金（Arthur Ashkin）的。他在 5 名作者中资历最老，在该研究领域的知名度远高于后起之秀的合作者朱棣文。事实上，因为这篇论文频繁地与阿什金早期发表的、有关光镊技术的多篇论文被同时引用，算法将功劳的 79% 给予了阿什金，而朱棣文最初只得到功劳的 5%。但随着时间的推移，论文的所有权改变了，因为朱棣文在这一领域里继续发表其他高影响力的论文，而阿什金则没有。渐渐地，人们开始将朱棣文的名字与那个 1985 年的开创性研究联系在了一起。我们的算法捕捉到了这一功劳变更的演化过程。这样，到 1997 年，诺贝尔委员会颁发奖项时，朱棣文就将大奖捧回了家。

也就是说，在别人的阴影下待太多的时间，将使自己的贡献相形见绌。如果我们从事零敲碎打的项目，或在多个不同研究项目上四处奔波，我们将会逐渐被边缘化。更好的方法是：在无人涉足的领域圈一块地，就像我以前的博士后玛尔塔·冈萨雷斯（Marta Gonzales）所做的那样。冈萨雷斯在我的实验室做博士后的时候，开始分析人类的流动性。当我们第一篇合作完成的论文发表时，我带走了大部分功劳。但是，在那以后的10年间，她已经成了这个研究主题的专家，彻彻底底地超过了我。今天，只要探讨人类的流动性，她的名字就会出现。作为她初期论文的合作作者，我可能只是成了她的大使，而她最终主宰了那个研究主题，在该领域为自己建立了声誉。

坦率地讲，若想重复冈萨雷斯的道路并非易事，但她也不是唯一的例子。就像我们下边会看到的那样，还有其他女士也学习到，如何从阴影处迈入聚光灯下，自己掌控自己的功劳，最终公正地将它们收入囊中。

从伴唱到主唱的逆袭

达琳·洛夫（Darlene Love）在听到收音机里传来她唱的圣诞歌的歌声时，正双手着地跪在浴室的地板上。[9] 这首乐曲名为《圣诞节》，是菲尔·斯佩克特（Phil Spector）在1963年发行的专辑里的一首。一段活泼的对唱让洛夫的内心的悲喜交加，不是想念远方的情人，而是憧憬未来的生活。在20世纪80年代早期，她所身处的豪华浴室并不是她自己的——并不是她在知名的唱片里声情并茂地唱出许多热门歌曲的回报。当时，她是在为富人擦拭洗手间，挣钱来支付自己的日常开销。

洛夫差不多自出生后就开始唱歌，最初是在她父亲教堂里的唱诗班。她16岁就在一个被称为“Blossoms”的三重唱组合里开始专业演唱。这个组合在20世纪50和60年代为许多乐队进行伴唱，被埃尔维斯·普雷斯利（Elvis Presley）和其他白人音乐人混合到黑人福音音乐的唱片里。如果在一首怀旧歌曲的曲调里出现类似驱赶动物的“嘘嘘”声，那就有可能是洛夫哼唱出来的。“Da-doo-ron-ron-ron，da-doo-ron-ron”，这就是她的风格。她的声音在这些录音带里轻松自如，青春亮丽，就如同深山里的溪流一样清澈纯净。

在那个年代，洛夫还曾经是几个专辑的主唱。但是，在白人主导的音乐世界里，作为一名非裔女性，她对自己的作品和作品的发行没有任何控制权。事实上，她与制作人斯佩克特签订了一份极其具有剥削性质的合同，就好像她的声音不是她自己的，任何人都可以为自己的利益随意使用。举一个令人震惊的例子，热门歌曲《他是个叛徒》(*He's a Rebel*) 表现了洛夫脆甜的嗓音，但被斯佩克特故意挪用到他经营的另一个名为 Cristals 的乐队里。全美各地的青少年在电视上观看 Cristals 乐队毫无激情地对着口形假唱，而全然不知真正的演唱者是谁。

到 20 世纪 80 年代早期，洛夫觉得没有什么希望了。她继续为一些知名乐队伴唱，偶尔也去录音室，或者上上舞台，但同时还不得不做一份清洁工的工作，勉强维持生计。因此，当她自己的歌声穿过房间传到浴室，她决定要尝试做点不同的事情。“我抬起头来，然后说道：‘这里不是你应该待的地方。’” 她在 2015 年的电视纪实节目《离巨星 20 英尺》中回忆道，“‘你应该去唱歌，整个世界都等在那里，希望听到你的演唱。’”

想在那个时代取得突破是不容易的。洛夫在一生的多数时间里是一位团队成员，并没有培育起与专业人员的支持关系，可以将她推向明星之路。在那个时候，几乎还没有非裔女性独唱歌手成功的先例。不过这没关系，她决定了要改变自己的发展方向，无论如何，她开始慢慢地从阴影中走了出来。首先，她设法在戴维·里特曼（David Letterman）的节目里预约演唱《圣诞节》，获得一年一次的露面机会。她通过歌声赋予这首古老的经典歌曲以新的生命，使这首歌重新红火了起来。其次，她在电影《致命武器》里客串了一个角色，扮演丹尼·格罗夫（Danny Glover）的妻子。为了继续尝试让自己的面孔和名字为大家所熟悉，她随后和贝特·米德勒（Bette Midler）联袂二重唱，同时还发行了几张独唱专辑。

终于，那个夜晚到来了。那时，洛夫已快 70 岁了，她站在舞台前台的最中央，一头棕铜色头发在聚光灯下隐隐闪光，脸上露出喜悦的微笑。在宾馆当女佣的日子早已成为过去，她的声音高亢有力，传遍大厅的每一个角落，大家以她从未经历过的最热烈的掌声向她致意。

无论如何，这一次她不是在伴唱了。布鲁斯·斯布林斯汀（Bruce Springsteen）[①] 为她伴奏，他弹着吉他，咧嘴笑着，无论高音低音，洛夫都能挥发自如，歌声让许多观众流下了眼泪。她现在所统治的舞台是摇滚乐名人堂。她在这里正式入选名人堂，以表彰她为音乐所做出的终生贡献。

洛夫的故事是反抗多舛的命运，并最终获胜的故事。她成功了，因为在她自己歌声的力量指引下，她勇敢地夺回了属于自己的荣誉，虽然这些荣誉在她还是一个年轻姑娘时已经被其他人蓄意剥夺。她成功的关键策略，从成功第四定律来看是非常正确的。在某一时刻，洛夫不再愿意做一名默默无闻的团队成员。通过登上舞台，走入聚光灯下，利用她在圈子里建立的关系，她确保了每一个成果都与自己有直接的关联。她不是以伴唱的形式为许多明星工作，而是同他们一起工作。

功劳分配中的性别差异

令人悲哀的是，并不是所有她同时代的人都具有这样的远见和执着。成功第四定律明确地指出，决定功劳的归属基于他人看法，而不是能力表现，而我们对谁应获得这份荣誉的看法常常受到性别和种族歧视的影响。女性挣上 7 毛左右的收入，她们的男性同事则可挣到 1 块钱，即使是在美国这样一个文明高

① 美国著名摇滚歌手、歌曲创作者与吉他手，获得了 20 项格莱美奖、2 项金球奖、1 座奥斯卡金像奖，1999 年入选摇滚名人堂，2004 年滚石杂志将他排名为有史以来最伟大的艺术家第 23 名。——译者注

度发展的国家也是如此。这一事实也说明了一些隐含在第四定律里的许许多多的不公正现象。毕竟，收入是我们社会分配功劳最能看得见、摸得着的方式之一。我们都认为，我们的收入和我们的贡献是相称的，然而，由性别差异而引起的收入差异提醒我们，情况显然不是这样。

性别化的报酬并不是性别歧视所导致的功劳分配不公的唯一表现。[10] 这样的例子到处都有，存在于所有的专业领域，存在于所有的国家。最近我就知道了一个令人震惊的案例。女性经济学教授在终身教职申请中被拒的可能性是她们男性同事的两倍。我们对此有所怀疑，因为“终身教职差异”只是女性在科学研究上所面临的障碍的一部分，最出乎人们意料之外的是终身教职被拒的背后原因。研究表明，这种差异不是由男女之间在工作效率、工作质量、自信心，或竞争力方面的差异导致的。同时，也没有证据表明，这是女性因在家庭上投入太多而受到的职业惩罚，尽管这确实让她们要等待更长的时间来申请终身教职。那么，究竟什么能解释这样一个令人烦恼的差异呢？

数据显示，独自一人工作的女性经济学家获得长期聘用的可能性和男性一样高。[11] 无论什么性别，每一篇经济学家独自完成的论文都会将他终身教职聘用的可能性增加 8% ～ 9%。然而，一旦女性合作完成一篇论文，差异马上就显现出来了，并且随着她参加的合作项目数量增加而变大。每一篇合作完成的论文，不但没有增加她获得聘用的可能性，反而降低了这种可能性。事实上，这个效应非常显著，那些致力于参与合作的女性，将会在终身教职申请时，遇上一个难以逾越的鸿沟。研究表明，当女性一起合作完成论文时，她们作为合作作者所得到的好处，比正常合作所应该得到的一半还低。而当女性和男性合作完成论文，她们几乎得不到任何好处。换句话说，女性经济学家为合作研究付出了巨大代价。

需要明确的是，男性不会为合作工作付出任何代价。他们可以独自工作、合伙工作，或者团队工作，获得终身教职的可能性不会有变化。而女性参与合作则会为自己招来风险。从获得终身教职的角度来看，**如果你是一位女性经济学家，与男性经济学家合作发表论文，你很有可能就相当于没有发表任何论文。**

这难道不是一个令人震惊的发现吗？特别是考虑到有大量的研究表明，包含女性的团队会有更胜一筹的表现。然而，工作勤奋的女士们在一个男性主导的领域里面临着重重困难：不太可能获得职场上的支持，不太可能继续她们的职业生涯，不太可能在她所处的群体里进一步发展，这一切都是因为她们是团队队员。

当然，这个问题并不限于经济学家，这个例子只是说明了成功第四定律是多么的强大，特别是对因种族主义和性别歧视而处于弱势的群体。由于能力表现是有限的，偏见开始以远超我们愿意承认的程度来决定我们的成功，成功第二定律和第四定律组合发力，将功劳分发给那些在一开始就拥有荣誉的人。这也说明，若想为自己的工作得到一份应得的功劳，只能去努力争取，不是像斯佩克特那样，以漠视、不公的方式从洛夫的成就中攫取，而是像洛夫那样，从斯佩克特手中将被攫取的功劳抢夺回来。

从普拉舍手中溜走的诺贝尔奖

普拉舍原本应该去借鉴洛夫的全套操作。我不是要不公正地来针对他，他已经饱尝了不公正的滋味，其实我们所有人都应该从洛夫那里学到很多东西。但普拉舍不仅仅只是被忽略了，而是被挤掉了一枚诺贝尔大奖。

普拉舍作为一位年轻的科学家，致力于研究一个冷僻的选题，做到了大多数成就非凡的科学家在其职业生涯初期能够做到的一切。他想到了一个极其了不起的思路，并为之坚持不懈。他并不介意自己的选题没能在自己的专业领域里获得多少支持和鼓励。同样的情况也发生在阿尔伯特·爱因斯坦身上，作为一名专利局的职员，没有谁关注他，而那时他也正处于一生中最多产、最富创造力的时期。在普拉舍的案例中，他的同事没有几个人认真地对待他在绿色荧光蛋白方面的研究工作。在马萨诸塞州的伍兹霍尔海洋学研究所的海洋生物实验室工作时，他搞砸了申请长期职位的陈述报告。随后，他的项目申请也被拒绝，这意味着他不能够筹集资金来继续他的研究。他的压力如此之大，连他那3岁的女儿都对妈妈说："爸爸再也不会笑了。"职业生涯的巨大打击导致他情绪低落、精神崩溃，普拉舍请求教职聘用委员会中止对他的审查。他离任了。但在他获得一份农业部的工作之前，他做了一件不同寻常的事。为了自己的工作不会就此前功尽弃，普拉舍将他克隆的绿色荧光蛋白（他独自辛勤劳动的成果）邮寄给其他两位研究人员。这是真正友善的、无私的举动。填充得鼓鼓囊囊的信封上潦草地写了两个名字，他们是仅有的两位与普拉舍有过联系的、对他的研究表达过关注的科学家。

16年以后，普拉舍寄出邮件的接收人，马丁·查尔菲（Martin Chalfie）和钱永健在斯德哥尔摩接受诺贝尔奖（获奖时间为2008年）。[12] 利用普拉舍克隆的基因，查尔菲得以继续向医学界表明，普拉舍的愿景一直都是正确的：我们确实能够将绿色荧光蛋白应用于生物体。通过将绿色荧光蛋白植入线虫内，查尔菲使蛋白发光，这一技术现在已被成千上万的生物学家利用。如果普拉舍当时有资金、有机会从事这项研究，这也正是他计划下一步要做的事情。钱永健拿到了普拉舍的基因，使它变异，创造了绿色荧光蛋白的新品系，可以让它们发出一系列色彩鲜艳的光芒。就这样，通过创新地利用普拉舍的发现，普拉舍基因的继承者发表了一系列有关它应用的开创性论文，渐渐步入到"发现者"的角色。由于普拉舍已经不复存在，他们就成了绿色荧光蛋白的代表。

在普拉舍离开学术界17年后，一天早上，他从收音机里听到了诺贝尔颁奖的消息，那时他正在厨房里。[13] 收音机里的新闻播音员是本地人，以一种甜蜜悦耳但音调拖沓的地方口音播报新闻，将钱永健的名字发错了音。普拉舍决定打电话给广播电台，他这样做并不是要去索要功劳。事实上，他对自己在这项发明中起到的主导作用只字未提。他打去电话，非常细致地纠正了播音员的发音。然后，用了早餐，离开家去了汽车专卖店，穿上了上班所要求的制服，蓝色的 polo 衬衫和卡其裤。经销商的场地用气球装饰了一番，气球在铮亮的汽车上方漂浮。坐在破旧的办公室里，干着挣不了多少钱的工作，普拉舍心里的失落滚滚而来。这种失落与其说是因为错过了大奖，不如说是他感觉到，眼下的默默无闻是自己造成的。在聚光灯下受人追捧不是他的个性，而让他向以前帮助过他的人伸出双手，又会使他内心不安。他的故事是成功第四定律如何主宰我们命运的一个具有警示意义的例子。

当我们看到团队工作的成果时，我们不能准确地去了解谁做了什么。因此，我们将功劳分配给一个，或者少数几个团队成员，通常是其研究轨迹记录始终如一的那些人，或者是我们都认可的人物。一方面，这可能是将功劳授予应得之人的一种公正的方式，但另一方面，这种方法偶尔也会出现明显的错误。

当我们以团队的方式工作时，我们难以置信地富有成效，但是合作也可能就是中学时期团队项目的成人版，是一种非常糟糕的经历，普拉舍对此知道得太清楚不过了。你可能坐在富丽堂皇的宴会厅里，在令人惊愕的怀疑中跟着别人鼓掌，而你的众多合作者当中的一个，非常感激地接受了你为之呕心沥血的功劳。

下一个一夜成名的人，可能就是你

对于我来说，成功第四定律并不是关于机会的错失，或者功劳的丢失。反之，它的发现给予我具有可操作性的深刻认识，我们的社会是如何分配奖励的。每一次在和我的学生，或者在专业领域里刚刚起步的科学家交谈时，我都会提及它，因为他们需要从策略上思考，当他们从事引起他们兴趣的项目研究时，如何“为自己赢得声誉”。每当我考虑可能的合作，或一个新的职位或责任时，我也会运用它。对功劳分配和人性的驱动法则置之不理，可能会使我们投入某一项目中的全部努力付之东流。认识成功第四定律背后的发展过程，可帮助我们抵制它可能带来的种种不公和伤害。

正如成功第一定律所展示的，功劳经常由无形的网络，而不是个别仲裁人分配。尤其是我们所处的庞大的、不稳定的、纠缠不清的关系网络，决定着我们的成功。就如同普拉舍的基因用发光突出了大脑中的神经细胞，我们现在也能够阐明一些决定我们命运的无形线索了。

我们到此为止所谈及的种种定律，都基于成功是一种集体行为的原则。认识到这一点，我们就能够考察，社会对成果及其背后的故事如何回应，看到偏见如何影响奖励，成功如何带来成功，社会适应度如何产生作用，功劳如何被分配，以及团队如何能够获得成功。当我们为自己所做的工作寻求认可时，每一条定律里都有可以借鉴的要素。

《巴拉巴西成功定律》这本书的最后部分将奉献给成功第五定律，该定律证明了洛夫所采取的方法的价值，区别了她的故事和普拉舍的经历之间的关键的差别。洛夫的故事不仅体现了第四定律，重要的是，她在面对艰难命运时的锲而不舍告诉我们，如何利用才华并利用它铸就有意义的职业生涯。正如洛夫在浴室里获得的启示造就了她的成功故事，我们还必须急迫地警惕第五定律给我们带来的教训。毕竟，下一个一夜成名之人可能就是你，你最有影响力的工作可能就是你正在酝酿准备的那个。出发吧，时不待我。让科学成为激励你奋勇向前的啦啦队。因为就像我们将在下一章里写的那样，成功可能会随时降临在我们身上。

THE FO

The Universal Laws of Success

巴拉巴西
成功第五定律

成功可以发生在任何时间和年龄，只要你在一个好想法上坚持不懈。

The Fifth Law: With persistence success can come at any time.

RMULA

+ — =

成功或许是我们无法掌握的力量，但如果成功第五定律对我们有些许启发的话，那就有很多事情是我们可以控制的了。顽强的创造力加上坚持不懈，不仅仅给我们的生命以应有的意义，而且给出了事业成功的真正秘诀。这不仅极为有效地把我们的事业与我们的为人联系起来，还解释了我们为何最欣赏那些持有这一理念的人：即使生命短暂，年龄也只不过是朋友们庆祝的契机而已。

10

爱因斯坦的错误

Einstein's Error

为什么勤奋加技巧
能获得最终的成功

我时常会不由自主地检视自己在科学研究中的失败与成功。在波士顿晦暗的冬日里，每当在去实验室的路上小心地避开人行道上的薄冰时，我总会发现自己在心里计算着成功的概率。可以确定的是，科学带领我走上了一条非常曲折又难以预料的道路，驱使我在短短 20 年间从物理学转向网络科学再到成功学。然而，我的学生和博士后前方的职业生涯还充满变数。和他们一起工作令人振奋，时刻提醒我如何将学术作为我的第一选择。

就我自己的经历而言，从无数研究中总结出的经验会让城市的氛围变得更好。然而有一种普遍的观点认为，创新和发现只是年轻人的游戏。爱因斯坦注意到这一现象，这位早在 26 岁就发现了相对论的著名科学家直言不讳地说道："如果一个人在 30 岁之前没有做出重要的科学贡献，那么他永远也不会做出。"

随着时间的流逝，卓越的年轻人代替年长的人，这种隐约的"枯木"似的感觉带有一种诗意。我们科学家也不例外。保罗·狄拉克（Paul Dirac）和爱因斯坦一样凭着 20 多岁时的发现获得诺贝尔奖，总结出如下伤感的诗文[1]：

> 毫无疑问，年龄是火热的寒意，
> 让每个物理学家战栗不已，
> 当他度过 30 岁后，
> 与其默默无闻地活着，倒不如死去。

虽然狄拉克并没有遵循此诗传达的观点，但他的思想依然受到认可，他在 48 岁去世之前仍有论文发表。通常来说，他和爱因斯坦是对的：数据告诉我们，科学家的突破性工作往往发表于职业生涯的初期。针对当世公认天才的研究证实了这一点。例如，心理学家迪安·基恩·西蒙顿（Dean Keith Simonton）分析了包括达·芬奇、艾萨克·牛顿、托马斯·阿尔瓦·爱迪生在内的从古至今 2000 多位科学家和发明家的生平，发现他们中大多数人在 39 岁或之前就在历史上留下了足迹。[2] 该证据支持了人们广泛认可的假说，创造力是青年（或者至少是中年前期）的特权。当西蒙顿转向研究艺术家和作家时，发现他们同样在早期取得了成就。创新是促使我每天起床去实验室工作的燃料。无论在哪一学科和领域，对于我们这些日渐老朽、疲惫、最需要创新的人，创新似乎越来越乏力了。

随着日渐老去，我们不可避免地将失去魔力吗？[3] 我常常这样问自己。如果你见过我拼命工作乃至难以给自己放一天假，就会明白为什么我对这一预言如此担忧。对我（以及可能需要容忍我提前退休的人）而言幸运的是，我们的研究中发现的深层悖论点亮了真正的希望：我们老年人并非一定过气，因为创造力不会衰老。虽然爱因斯坦和狄拉克关于大部分重要发现都来自年轻人的事实判断并非完全错了，但其实我们可以在任何时候获得重大突破。

如果你感到不解，无须担心。我曾经也同样不解。事实上，我花了 5 年时间才厘清创造力和年龄之间的巨大矛盾。

天才与凡人的成功模式并无二致

西蒙顿的研究确实非常吸引人，但也令我疑惑。他的工作关注的是天才，而天才在创造性工作的人群中只占很小的一部分，因为受人尊敬的伟人就如同珍稀的飞鸟。这提出了一个重要的问题：西蒙顿的发现是否也适用于没有被打上天才标签的普通科学家（比如我以及我那些头发灰白的同事和合作者）呢？那些结论是否也适用于我每天打交道的其他行业呢？我是否应该仅仅因为我的家庭医生已经过了智力巅峰期就解雇他呢？我是否应该用年轻的建筑师代替经验丰富的资深建筑师，以期待前者为方案设计带来突破性的新想法呢？硅谷的创业公司是否应该坚持他们的潜规则，雇用涉世未深的年轻面孔而不是经验老到的年长员工呢？换而言之，关于天才的大量研究是否对我们凡人有意义？

这便是罗伯塔·西纳特拉（Roberta Sinatra）在 2012 年加入我的实验室不久后我们提出的问题。作为一名来自西西里的年轻博士后研究员，西纳特拉从物理学开始了研究生涯，逐渐转向网络科学。她刚加入时我就清晰地发现，她具有将优秀表现转化为成功的能力。她对研究的热情具有感染力，激励着实验室的多名成员解决困难的决心。她不仅是一名出色的厨师，还是天生的网络科学家，能将人们聚拢在她的餐桌边。很显然，相比于会议室，在品尝按照家传菜谱制作的意大利面时讨论网络科学的理论更为容易。无论在厨房还是在实验室，她总有办法让非常复杂的问题简单化。

我和西纳特拉很好奇，在那些并非超级明星的普通人的职业生涯中，年龄对于创造力有何影响？通过观察伟大科学家的职业发展轨迹，我们能否预测张三和李四在生物学和计算机科学等不同行业中做出小而精的贡献的创新周期呢？先从一个简单的问题开始：我们拥有最高影响力的论文是在研究生涯中的哪个阶段写出的？

有时候，简单的问题是最难回答的。这一问题正是如此。这要求我们从4000多万篇论文中确定每一篇论文属于哪个作者，从而精确地构建出数万名研究员的职业生涯。在我们团队的计算机科学家皮埃尔·德维尔（Pierre Deville）的大力帮助下，我们花了大约两年完成这个过程。当我们最终完成并分析清楚每个研究员的职业生涯时，发现了一个统一的模式。

成功的研究通常在职业生涯的早期出现，即进入科研领域的前20年里。确切地说，一位科学家似乎有大约13%的概率在职业生涯的前3年发表她最具影响力的研究成果。在接下来的3年里的概率也差不多。事实上，在前20年里的每一年里，他发表最具影响力的研究成果的概率都基本相似。但在20年后，事情发生了变化，这一概率快速下降。他被引用最多的论文发表于第25年的概率只有5%。之后的概率就像自由落体一样下降。我已经接近职业生涯的第30年了，根据我们画出的这条下降曲线，我现在能做出超越此前最好能力表现的新发现的概率是多少呢？答案是不足1%。换而言之，我或许应该就此止步。简单看一眼数据就会得出我已行将就木的结论。忘了终身教授这回事吧，学校的教务长应该把我扔进落日的余晖中。

所以西蒙顿是对的，他的发现的确也适用于非天才，适用于我们这样追随着对科学的热爱，并日复一日坚持下去而不期待荣誉的普通人。我们的发现非常简单：**就创造力模式而言，天才和我们并无二致。**我们也一样在职业生涯的早期达到高峰。我们也一样在创造力减退时迟钝起来。无论是不是天才，我们大多符合同样的基本模式。

就创造力模式而言，天才和我们并无二致。我们也一样在职业生涯的早期达到高峰，一样在创造力减退时迟钝起来。无论是不是天才，我们差不多都符合同样的基本模式。

When it comes to their patterns of creativity, geniuses are no different from us. We, too, peak out early in our careers. We, too, let our guard down once that wave of creativity wanes. Geniuses or not, we mostly conform to the same fundamental patterns.

与年龄无关，与产量有关

如果这个结论成立，那么我不妨买一些夏威夷衬衫，搬到佛罗里达州，开始学打高尔夫球。不过令我感到欣慰的是，这个结论后来被证明是对数据不完整的解读。当我们分析早期创新背后的原因时，偶然发现了一个意想不到的事实。诚然，获得重大突破的可能性在 20 年后会急剧下降，但重要的是，产量也同样下降。当我们列出科学家在职业生涯中各个阶段发表的论文的数量时发现，在绝大多数情况下，人们在开始阶段的产量更高。一位科学家发表其最具影响力的工作成果的概率图和他发表所有论文的概率图非常接近，甚至无法区分。这不可能是偶然发生的，一定有更深层次的信息等待着我们去解释。

在那几个月里，我们一直被这个问题困扰：如何解决论文产量和成功之间的时机重合？我习惯早起，因为在清晨思考效率最高。我总是在黎明醒来，琢磨最近的图表，然后把新一轮问题发给西纳特拉和她的团队。我们会在下午会面时讨论数据，并一次次地问她："这究竟意味着什么？这个问题已经山穷水尽了吗？"西纳特拉习惯晚睡，会一遍遍地浏览谷歌学术论文，查看她敬佩的那些科学家的生平引用记录。从诺贝尔奖得主到她共事过的相对不那么著名的科研人员，她搜索过的每一个人都有一个共同点——他们的影响力随时间呈增加的趋势，每一个人获得的引用次数都是逐年增加的。

牛顿、居里夫人、爱因斯坦和狄拉克这些已故的科学家，他们的工作依然如他们在世发表论文时那样继续获得引用。于是西纳特拉有了一个想法：在世的科学家和已故的科学家，其成功有何不同？

答案是：在世的科学家仍在发表论文。牛顿、爱因斯坦、居里夫人在过世后无法再传播新的科学。在近几十年乃至几个世纪中，他们没有提出新的科学理念，而为世人所景仰的是他们在世时的科学成就。虽然他们的研究工作随着生命终结而停止，但他们的科学影响力（以被引用的次数计算）每一天仍在增加。西纳特拉仔细思考后认为，如果我们想要解释科研产出与成功之间的相互作用，应该在苹果与苹果之间做比较，而不是比较活的苹果树和死的苹果树。因此我们重新把注意力集中在已经退休的科学家身上，这样我们就可以观察科学家的整个职业生涯，而非只是一部分。

西纳特拉深夜的灵光乍现促使我们对数据产生了全新的认识。[4] 我们发现，只要把每个科学家发表的论文按时间排序，就可以解开科研产出与成功之间的关系。我们不再以科学家发表论文的年龄来标注每一篇论文，而只是简单地按序号标注为职业生涯的第 1 篇、第 2 篇……第 20 篇。于是，我们对论文有了新的认识：每一篇论文都是争取科研突破的一系列努力中的一环。

我们本以为会看到科学家最具影响力的论文出现在职业生涯的初期，毕竟过去几十年对天才的研究一直暗示这样的论点。但令我们意想不到的是，事实并非如此。恰恰相反，无论第 1 篇、第 2 篇还是最后一篇，每一篇论文成为最具影响力的论文的概率完全均等。当我们看到这样的数据时，我们惊呆了。这与年龄似乎完全无关。

这带来了另一个难题。如果我的创造力并不会随着年龄下滑，而我每篇论文获得突破性进展的概率均等，那么为什么我们所有人——天才和普通人，都在生涯的早期达到巅峰呢？

答案是产量。

这个看似矛盾的发现可以用一个简单的比喻来解释。在 30 年里，每年生日你都买一张彩票，但你中奖的概率不会随着年龄而增加，自然也不会下降。现在和 5 年前的概率是一样的，10 年后也会一样。但如果你在 30 岁生日这天买了 30 张彩票呢？想想看，如果你终将赢得彩票，那么很有可能就是在 30 岁这一年。我们的观测表明，科学家的科研论文就像彩票一样。每一篇论文产生突破性进展的概率是均等的。因此，当科研人员以最佳速度发表论文时，比如科研项目一个接一个地迅速完成，就最有可能在此时达到成功巅峰。这并不是因为他们在爆发式地科研产出过程中最有创造力，而是因为尝试的次数足够多。

对于绝大多数科学家而言，这种爆发式的科研产出出现在职业生涯的最初 20 年里。伴随着求学后对科学的急切渴望，在进入科研领域的最初几年里，我们非常迫切地投身于科研项目。10 年或者 20 年之后，我们的科研产出逐渐减少。所有的创造性活动概莫能外。总会有新的事情把我们从办公室、工作室或者实验室抽离。我们需要处理中年危机，比如，孩子遇到了麻烦，年迈的父母需要我们的帮助。于是我们筋疲力尽，无法专注，重心被转移，节奏逐渐变得迟缓。换而言之，在职业生涯的后期，我们买的彩票比较少，因此成功的机会也就比较少。

因此，在改变分析数据的方式后，我们发现，年轻科学家更频繁取得突破性进展的原因并非年轻时更有创造力，而是因为整体而言，他们在这一阶段的科研产出更多。年轻人一直在不断努力，从不因失败或者不受重视而气馁。

这就是为什么科学家的突破性工作多在 30 多岁时发表，为什么画家的代表作多在 20 多岁时完成，为什么作曲家、电影导演、发明家和时尚设计师常常在年轻时声名鹊起。

与直觉相反，这对于我们是个好消息，无论你已经有了皱纹，还是将会有皱纹。只要我们不断地购买“彩票”，将我们的工作分享给全世界，那么创造力不会有年龄的限制。这一心得我们称为成功第五定律：

成功可以发生在任何时间和年龄，只要你在一个好想法上坚持不懈。

The Formula

The Universal Laws of Success

成功可以发生在任何时间和年龄，
只要你在一个好想法上坚持不懈。

With persistence success can come at any time.

一想到数据，我就无法抑制自己的喜悦。事实上，当我们将成功与产出之间的关系逐渐梳理清楚时，在从实验室步行回家的路上，我感到满脑子都是新想法和动力。当我们在初夏时分取得进展的时候，仿佛太阳永不会落下，而当它最终落下的时候，疲惫的地平线上洒下了美妙的色彩。我对这一发现的欣喜有着个人的原因：科研产出一直是我的强项。如今我才知道它是宝贵的财富。有成功第五定律的加持，我应该加倍地投入研究工作中，比年轻时更勤快。现在我知道我写的每一篇论文都是一张彩票，而每一张彩票都有机会获得突破性的发现。我分析了科研生涯的数以千计的数据，才最终认清了自己的生涯，而它原来如此简单。

80 岁也能获得诺贝尔奖，
原来“大器晚成”与“出名要趁早”都成立

当 50 岁的约翰·芬恩（John Fenn）成为耶鲁大学教授时，以学术界的标准来看，他已经很老了。但话说回来，他本来的起跑点就比别人晚。他 32 岁时才发表第一篇论文，此时距离他拿到学位已经过去了 10 年。这在学术界极为少见。根据爱因斯坦的说法，芬恩成为学术明星的机会已经很渺茫了。他第一次获得教职是在 35 岁进入普林斯顿大学开始研究原子和分子束时。这个领域很艰深，他在 15 年后转到耶鲁大学时仍在继续研究。虽然芬恩勤奋刻苦，但在大部分时间里，他的影响力一直不高。当他年满 70 岁时，他在耶鲁大学的系主任一定松了一口气，终于可以强制芬恩退休了，毕竟他已经有 20 年没有建树了。

然而芬恩并不打算就此停下。当时 67 岁的他在耶鲁大学已经处于半退休状态，实验室的房间被收回，技术人员也没有了。彼时，他发表论文提出新技术——“电喷雾离子化法”（electrospray ionization），将液滴转化为高速的离子束，从而快速准确地测量大分

子和蛋白质的质量。他意识到这是一项突破性技术，自己终于成功了。他是对的。随着学术界对细胞分子成分的兴趣迅速升温，他的技术很快成为世界各地实验室的标配。他不愿以耶鲁大学名誉教授的身份蹉跎年月，前往弗吉尼亚联邦大学任教，这所大学完全不介意他的老龄。在这里他组建了新的实验室继续研究。

芬恩最后这些年的工作带来了革命性的成果。他改进了最初的想法，发展出一套测量核糖和病毒的稳健方法，达到了难以置信的准确率。我们今天对细胞如何工作的知识都归功于此。他晚年的努力获得了丰厚的回报。15 年后，作为一位 80 多岁的瘦弱老人，他于 2002 年获得诺贝尔化学奖。

芬恩的故事有着美好的结局，[5] 告诉我们，只要遵循成功第五定律就会有回报。卡萝尔·罗宾逊（Carol Robinson）在致这位亦师亦友的老人的悼词中写道，他是一位热情不竭的科学家。“他相信科学首先应该是有趣的。如果你感觉不到有趣，那就应该放弃。”她写道，“但是芬恩从不放弃。他坚持科研，几乎每天都到办公室工作，直到去世前几个星期。他最后一篇关于电喷雾机制的论文在 90 岁高龄时发表。”他拥有非常棒的一生。

芬恩体现了成功第五定律的简单信念：**成功与年龄没什么关系，而取决于你向着重大突破一次次尝试的决心。**意识到这一点在很大程度上改变了我。我开始注意到生活中处处都有芬恩一样的人。阿兰·里克曼在 46 岁时才出演第一部电影；雷·克罗克 53 岁时开发了麦当劳的特许加盟模式；纳尔逊·曼德拉在服刑 27 年后依然对政体改革充满渴望，在 76 岁时成为南非总统；朱莉娅·查尔德在 50 岁时第一次主持电视节目，颤抖的声音道出了她对烹饪的浓烈兴趣。

这些大器晚成的例子就像成功第五定律的教科书一般。除了坚韧之外，他们还有别的共同之处——他们通往成功的道路由一个隐藏的因素引导，在他们的职业生涯中逐渐显现。我们称为 Q 因子。它最终帮助我们回答了价值百万美元的问题：拥有社会适应度的想法和产品从何而来？

为什么你一再尝试与努力，却一再失败？

对任何创新来说，新的项目总是从新的想法开始：脑海中灵光乍现，你开始琢磨如何将这个想法变成现实。但我们常常无法提前判断一个想法有多么重要和新颖。因此我们用数字 r 表示任意一个想法的价值。比如在一个小型购物中心里开一家快餐店，如果那儿已经有 5 家快餐店在苦苦挣扎，那么这个想法的 r 接近于零。再比如，制造瞬间传送门，r 的值可以非常大，如果你真能做出来的话。当然，越好的想法，它的 r 就越大，越有可能产生重大的影响。

好的开始并不一定能成功。就像风险投资人总是嘲弄地说，想法本身并不值钱。你能不能把想法执行下去并转化为有用的产品，决定了投资人愿意给你多少额度的支票。任何行业都是如此：卓越的想法配上糟糕的执行能力，很难产生重要的结果。将想法转化为发现的能力至关重要，而人与人之间在这方面差异极大。

我们把这种能力称为一个人的 Q 因子，从而可以把创新过程简化为一个方程。我们每个人有一个价值为 r 的想法，通过自己的努力把它变成了成功的创新 S，S 代表对这个世界的影响力。如果我们想要预测这一影响力，就需要知道想法的未知价值 r 和个人的 Q 因子这两个因素如何相互作用以决定项目最终的成功 S。我们想到的最简单的模型，也是后来被证实为最准确的模型，便是让你的 Q 因子乘以你下一个想法的价值 r，得到 S。这样我们便得到了预测成功的公式：

S=*Qr*：一个产品的成功，一个创新的影响力，等于个人的 *Q* 因子和想法的价值 *r* 的乘积。

The Formula
The Universal Laws of Success

S=Qr：一个产品的成功，一个创新的影响力，等于个人的 Q 因子和想法的价值 r 的乘积。

S=*Qr*: The success of a product or a deal, or the impact of a discovery, will be the product of a creator's *Q*-factor and the value of idea *r*.

因此，如果一个 *Q* 因子低的人拥有 *r* 值很高的伟大想法，我们将遗憾地看到这一产品流于平庸，因为 *Q* 因子低导致 *Qr* 乘积小，即绝妙的想法乘以糟糕的执行。[6] 想想苹果公司的第一款掌上计算机“牛顿”，有着低劣的手写识别，最终史蒂夫·乔布斯不得不取消这个产品。反过来也一样，*Q* 因子高的创新者也可能做出平庸的产品。想想苹果公司的“丽萨”计算机、NeXT 计算机、G4 Cube 计算机和 MobileMe 服务。如果你从来没有听说过它们，那么你现在知道了，这些是乔布斯诸多失败的作品之一。如果一个想法的价值 *r* 很低，无论 *Q* 因子多么高也只会产生低下的 *Qr* 产品（此处使用了双关语，*Qr* 即指“产品”[product]，也指“乘积”）。这就是执行力强、想法糟糕的情况。然而，还有一些完美风暴般的例子，比如想法和执行力都非常棒。当 Q 因子和价值 r 都很高时，它们相互加强，水到渠成地促使了职业生涯级别的突破进展。想想苹果手机，一个完美的想法配合杰出的执行力，成就了乔布斯的代表作。

以这样的方程来刻画职业生涯并不符合此前我对创新人群工作方式的印象。[7] 我曾一直相信，随着职业生涯的发展，我们会越来越擅长把心中的想法转化为高影响力的产出，无论其具体形式是把创新点子变成商业产品，让交易直觉带来绝佳的商业行为，还是将片段旋律扩展成一首曲子，或是让午后的斑驳光线驻留在画布上，成为传世作品。换而言之，我确定我们的 Q 因子会在职业生涯中逐渐提升。然而，**真正震撼的发现正在于此：我们找到了方法测量科学家的 Q 因子，发现 Q 因子在整个职业生涯中都不会发生变化。数据给出了明确的答案：我们总是从一个确定的或高或低的 Q 因子开始职业生涯，然后它将一直保持不变，直到我们退休。**

这给了我一个难以接受的事实：22 岁的我和现在的我有着同样的科研能力。彼时我刚写下第一篇科研论文，完全没有任何影响力。相信这个发现也给你带来了同样的情绪反应。无论现在距离你的 20 多岁的日子过去了几年或者几十年，你可能都会觉得那时的你还不能算是一名好的教师、医生或者销售员，完全无法和现在相提并论。如今我 22 岁的儿子即将攻读博士，我该如何告诉他，现在就已经可以判断他将来能否成为一名好的科学家了？我们又该如何理解职业生涯中的自身发展、不断学习和努力工作呢？

我无法接受创新人群的 Q 因子不会随着时间改变。我们把这一发现整理成论文投往顶级学术期刊时，编辑也表示无法接受。期刊编辑委托的 8 位审稿人同样表示无法接受。每个人都感到困惑。他们要求我们反复检查这一发现，并在所有学科中检查其有效性。我们花了 6 个月时间完成这一工作，依然得到同样的结论。因此，作为科学家，我必须就此接受这一发现，虽然我还需要大量努力才能完全理解，这一发现告诉我们的关于成功、天赋和能力的事实。

这一发现对于科研以外的领域也成立吗？直到最近，我们找到了如何在信息交流领域里度量 Q 因子，最终得出这个问题的答案。实验室的新成员奥努尔·瓦罗尔（Onur Varol）计算了 Twitter 用户是否擅长在发布消息时与他们的用户群产生共鸣。[8] 显然，如果你在 Twitter 上有百万粉丝，那么常常会有上千人转发你的消息，因此不应该把你和那些只有极少粉丝的人直接做比较。

因此，我们只比较有相同数量粉丝的 Twitter 用户，并且兴奋地发现了他们之间的主要差异：有些用户比其他用户更擅长与粉丝互动。Twitter 用户的沟通技巧并没有日渐表现出系统性的增强或减弱。Q 因子高的用户依然如故，而 Q 因子低的用户也鲜有提升。一个人注册 Twitter 的时候，Q 因子就已经确定，并在接下来几个月乃至几年里保持基本不变。

我把这一令人费解的结论解释给我的邻居，他是一位成功的商人。我问他有没有感觉到他在职业生涯中逐渐成长为一个更好的从业者。在他的一次次成功之间通常间隔多久？他是否慢慢拥有了点石成金的能力，能够避开糟糕的交易机会？

“绝非如此。”他回答道。

他的职业生涯同样记载着少数几次漂亮的成就和大量的失败经历。这与当代最成功的企业家之一史蒂夫·乔布斯的参差不齐的履历并无二致。乔布斯极高的 Q 因子使他的杰出成就掩盖了大量的失败记录。

找到你的 Q 因子与你的梦想契合的工作

如果你感觉在每一个行业都有一些人靠着运气达到成功，那你是对的。但

正是他们的 Q 因子（先天的天赋或者知识）让他们得到了幸运女神的垂青。在每一个创新领域里都有一位约翰·列侬、一位史蒂文·斯皮尔伯格、一位托妮·莫里森、一位居里夫人。因为他们有极高的 Q 因子，他们的工作总是会产生重大影响力，即使是始于价值 r 并不高的想法也不例外。先天薄弱的项目遇上强劲的 Q 因子能产生可观的影响力，而遇上笨拙的执行者则难逃失败。在他们的职业生涯中，高影响力的成就之间有大量低价值 r 想法导致的失败记录。尽管如此，对于 Q 因子高的人们，我们的模型预测，他们将会取得一次又一次的成功。

如果我们不幸有一个很低的 Q 因子，又该如何呢？正如我们可以立即想起我们生命中遇到的 Q 因子高的人们，我们同样很容易想到 Q 因子不高的人们。我们在科学家和 Twitter 用户的数据中确实观察到了这些人。尽管 Q 因子很低，很多人依然坚持自己的追求。由于 Q 因子不会随着时间改变，我想建议每个人，尽管这建议听起来并不悦耳：**如果你在寻求突破的道路上一再失败，很可能你正走在错误的方向上。**

我自己曾有过这样的经历。在高中时我准备成为一名雕塑家。但是，诚实地说，我不够好。即使在那个时候，我更好的表现是在物理学方面。所以我跟随自己 Q 因子的引导，放弃了艺术家的道路，走进了科研实验室。又或许，你处于一个孤独的领域中。我也有同样的经历，在量子点领域工作了很多年。这个领域十分晦涩，最重大的发现也只有极少数人会关注。我最终决定转向研究网络，这让我的工作可以有更广泛的受众。关键是，如果我们的 Q 因子与我们的工作并不合拍，我们必须做出决断，是否继续把希望寄托在错误的职业道路上。而一旦你发现了与你的 Q 因子完美契合的职业或领域，你需要做的就只有一件事：坚持下去。不要把成功寄希望于运气。只要找到你的 Q 因子与你的梦想契合的工作，你成功的机会将会大大增加。

创造力永不过期，但成功不是

到现在，我希望我已经得到你的认可：创造力永不过期。

不过，成功是有期限的。考虑到我们此前讨论过成功如何引发更大的成功，这个结论确实很奇怪。根据优先连接理论，正如我们所看到的，一旦一个项目成功，它会与此前的成功成比例地无限增长。然而我们想想看，此处应该遵循常识：如果真是这样增长，个人成就带来的一次又一次增长会带来巨大的利益。我们只需要获得一次认可，便可终身享受优先连接带来的关注。一次登上畅销书榜足以让作者一直享受名望和版税的好处。一项成功的专利可以让发明家获得无穷财富。一次科学发现给科学家带来数百万次引用。有时候的确这样，单次成功带来的收益将持续创新者的整个余生。然而，如果优先连接确实是正确的，成功者和未成功者之间的差距只会越来越大。

如成功第二定律所言，能力表现是有界的，但成功是无界的。就像生命中的很多事一样，成功也受到时间的限制。

毕竟，人固有一死。

所有东西都会随着时间而衰老，成功也会渐渐被淡忘，成为“注意力经济”的又一牺牲品。无论我们眼前的东西多么闪闪发亮、引人注目，我们终将会把注意力投向远方的地平线以寻找更闪亮的目标。我们的“青少年”项目也是如此。新的发现、视频和手机会在发布之时得到大量关注，然后随着时间流逝，人们的兴趣总会迅速消失，成功就像雪花一般消融。

真正拥抱不确定性的人会一次次选择新的想法

好消息是，*Q* 因子提醒我们，如果我们有才华并且坚持不懈，运气终会站在我们这边。虽然所有项目都有被淡忘的一天，但创新的人们并不会过期。站在创新者的角度来看，长期成功的关键是显而易见的：创造一次又一次追逐成功的机会，那些让你拥有 *Q* 因子的优秀品质自然会带来期待的结果。成功的人们不停地参与到一个又一个项目中，他们从不在数完奖金后就停下来，而是继续买更多彩票。正如 J. K. 罗琳所做的那样，一个作家利用成功第五定律的唯一方式就是出版系列小说。每一次她有新书上架，她的新读者就会阅读她以前的书。这样，每一本新书都为她的事业注入新的活力，让她的所有工作从不下线。

虽然成功会随着时间慢慢被淡忘，但 *Q* 因子不会衰减。因为 *Q* 因子是常数，真正成功的人可以一次次地选择新的想法，从而持续产出高品质的成果。高的 *Q* 因子与芬恩般的坚持，帮助我们利用成功第五定律打造了长期事业成功的引擎，诸如莎士比亚和简·奥斯汀、埃隆·马斯克和爱迪生、居里夫人和爱因斯坦，他们这样的人之所以被世人铭记并非因为某一项成果改变了世界，而是他们持续的智慧结晶，这源自他们杰出的 *Q* 因子和反复尝试的决心。

若想利用 *Q* 因子，还有另一种聪明的方式——合作。

利用你的网络帮助自己完成项目。即使没有产出预期的成果，合作也会促使你继续尝试，继续利用你的 *Q* 因子。团队合作有激励作用。对我来说，与学生和博士后一起工作的诸多项目促使我持续保持高产。

既然成功也是一种群体现象，我们对于高品质的工作和高能力的人才的看法决定了我们自己的命运。成功或许是我们无法掌握的力量，但如果成功第五定律对你有些许启发的话，其实有很多是我们可以控制的。顽强的创造力加上芬恩一般的坚韧，不仅仅给我们的生命以应有的意义，而且给出了事业成功的真正秘诀。这不仅极为有效地把我们的事业与我们的为人联系起来，还解释了我们为何最欣赏那些持有这一理念的人：即使生命短暂，年龄也只不过是朋友们庆祝的契机而已。

结束只是为了更好的开始

日本艺术家葛饰北斋是这一理念的完美例子。“我在 70 岁之前的画都不值一提。73 岁时，我稍微了解了自然的真正构造。”他在 75 岁时写下了我非常欣赏的一段，“当我 80 岁时会有更多的心得；到 90 岁时，我应该能领悟事物的奥秘；100 岁时我将到达奇妙的境地；而到我 110 岁时，我做的一切，无论是一个点还是一条线，都将是鲜活的。”

葛饰北斋享年 89 岁。他最广为人知的作品创作于生命的最后 20 年，包括标志性的木版画《神奈川冲浪里》。你一定知道它描绘的景象：巨大的波浪带起白色的浪尖，在半沉的小舟上空缓缓展开，让背景中的富士山相形见绌。它简洁地描述了一生之中成功如何沉浮流动，告诉我们那些突如其来的冲击和崩塌只不过是重新开始的信号。

人人都可以如天才般成功

爱因斯坦在成为发型蓬乱、讨人喜欢的天才之前，被大多数美国人视为傲慢十足的精英人物。1919年，他第一次出现在新闻里，那是在他发表第一篇相对论论文的14年之后。那一年，英国的科学家发现光在太阳附近弯曲了，并不是以直线传播。这一发现无疑是对他的理论令人欢欣鼓舞的证明，英国报刊也因这一发现而无比兴奋。但美国人则完全是另一回事。在《纽约时报》6篇涉及相对论的评论中，赞扬声中交织着怀疑，甚至是敌意。这些尖刻言辞的根源有些令人费解，有可能是因为据说爱因斯坦这样断言，“全世界最多只有12个人”能理解他的工作。他的这一表态非常令人不快，而且极其专横。“《独立宣言》本身也被这一断言激怒了，因为在这个星球甚至宇宙空间，居然会有某些东西只能是上帝挑选的少数几个人才能理解。”一位评论者这样惊呼道。爱因斯坦不仅是一位欧洲知识分子，与普通人没有什么接触，他也是一位德国人，想一想第一次世界大战中德国扮演的灾难性角色。此外，爱因斯坦还是犹太人，在美国深陷反犹太主义和排外情绪的时代，这让情况变得更加复杂。1919年突然爆发的关注之后，人们对相对论的兴趣开始减退。若不是因为命运的一次转折，爱因斯坦的名气可能只是昙花一现，今天知道他名字的充其量只有学术圈子之内的人。

一个误会，让寂寂无名的爱因斯坦登上头条

那么，爱因斯坦在何时一下子就成了人类天才的典范呢？事实上，他的名气有一个准确的产生日期：1921年4月3日，这一天他第一次踏上美国的土地。《纽约时报》和《华盛顿邮报》尽职尽责地派了记者去曼哈顿的炮台公园，采访了这位颇有争议的物理学家。不过，让新闻记者感到困惑的是，他们并不是等候在东河、迎接即将到来的汽船的唯一的一群人。他们看到近两万人在那里“声嘶力竭，挥臂欢呼”。爱因斯坦下船时，身穿一件褪色的灰色雨衣，抽着石楠根烟斗，手提小提琴盒，他和随行的一批人乘坐敞篷汽车，沿下东区巡游前行。警察的护卫队紧随其后，他们的车队转向第二大道，沿途有成千上万的人排满了两旁的人行道，一直延伸到上城区。这些人挥舞着手臂和手绢，向来访者欢呼，表达欢迎。

这种超规模的接待使新闻界大为震惊。[1] 一般来说，一位科学家的到来只是许多微不足道的新闻事件中的一条，仅在各主要报纸的最后几页报道。然而，庞大的人群把爱因斯坦拥在中间，像英雄一样欢迎他，这颠覆了新闻记者的预期。因此，记者最后得出结论，这是个大人物，爱因斯坦很重要。

在他们当面采访这位物理学家时，记者又一次感到惊讶。他们本来以为爱因斯坦会是一位傲慢的知识分子，或者是令人恐惧的“爱因斯坦博士”，毕竟，

他的理论“摧毁了空间和时间”。然而，他们见到的这位却身穿破旧、不张扬的衣着，带着儿童似的热情拉着小提琴，“腼腆”地和新闻记者打招呼，当回答记者提出的问题时常常带着茫然的笑容。在他用最简单的词语解释完相对论后，他羞涩地补充道：“嗯，我希望我通过了考试。”他不拘礼节、风趣幽默，在镜头面前有些谦卑的紧张；他讲话时名言隽语信手拈来，而且用得也是恰到好处。

第二天，爱因斯坦登上了《华盛顿邮报》的头条，标题为《爱因斯坦教授来了，阐释相对论》。《纽约时报》也同样在头条宣告，还用小标题补充道：“数千人等候数小时，欢迎理论家和他的团队来到美国。”这些文章的语气突然一下子换了风格，描述他的语言毫不含糊地表达了友好和热情。爱因斯坦不再是一位自命不凡的科学家，他成了一位梦想者、艺术家、“充满直觉的物理学家”，而且还是一位言辞诙谐、异想天开的健谈者。他风度翩翩，而且还非常有人缘。从这以后，无论爱因斯坦走到哪儿，都会受到电影明星一般的礼遇。

没有人在形容爱因斯坦的声望的本质时能比查理·卓别林更到位的了。10年后，卓别林在好莱坞做东招待这位科学家。车在行驶途中，他们两位受到了两旁人行道上的人们热情洋溢的大声欢呼。“他们在向我们两人共同欢呼，”卓别林对爱因斯坦说，“他们欢呼你，是因为没有人懂你；而他们欢呼我，是因为所有人都懂我。”

在爱因斯坦到达纽约前，他是一位物理学家，任何与他相关的新闻都只涉及相对论和他作为科学家的表现。当他从汽船上下来，受到大规模欢迎队伍的欢呼之后，爱因斯坦成了报纸头条的新闻人物。

但是，当我阅读那些已经发黄的报纸，上面的文章报道了爱因斯坦抵达美国的消息时，我想了解的真正问题是，为什么两万普通纽约民众会为一位他们并不怎么熟悉的物理学家，举行“近似骚乱”式的迎接呢？为什么他们会请一天假去迎接一位具有争议的科学家？

事实是，他们不是为爱因斯坦而去的。在他们挥舞着手绢表达欢迎时，没有几个人知道爱因斯坦是谁。爱因斯坦里程碑似的声望实际上源自一个天大的误会：那一大群人到炮台公园去迎接的，另有其人。

最重要的，是初始的成功

20年前，我的一次经历改变了我职业生涯的轨迹。作为一名刚进入学院的新教员，在驱车前往第一次学术会议的途中，我内心忐忑不安，担心的不是路途上的驾驶，而是有关会议本身。

那时候我27岁，从事第一份真正的工作——圣母大学助理教授，仅有几个月时间。作为一名研究生，我头脑灵活、做事果断，不到3年就拿到了博士学位。我觉得，这是我能成功获得教职的唯一原因，也是我人生赖以依靠的长处。这并不是因为它是我最宝贵的财富，而是因为它是我唯一的财富。但快也有它的代价。尽管在聘书上我被注明是一位教授，但实际上我还是一个年轻人，一个胆怯、羞涩的年轻人。确实，我那时已经发表了40篇论文，但我真的不知道如何向一位陌生人问路。我知道最好不要去校园的行政大楼配钥匙，或预约报告厅，因为我看起来是那么无助，人们肯定会以为我是一名迷路的研究生。因此，我会选择给办公室打电话，迟疑地、带着浓重的口音向他们咨询，然后尽快地挂断电话。

当我快到达当年美国物理学会会议主办地圣路易斯时，看到了城市的著名圆拱。这是表示欢迎的地标建筑，我从明信片上早已熟知了它，它给了我一丝希望，我并没有偏离之前记下的路线。这是我第一次来到圣路易斯，但即便当时还没有 GPS，我也没有为如何找到宾馆表现出明显的焦虑。我感到焦虑的是，到了宾馆以后我应该去找谁，或者中午开饭时应该坐在什么地方。尽管，这个城市从远处看起来显得不大——网格状的建筑、道路、人行道，一些看起来很漂亮的绿地公园，我一下子觉得路并不那么难找。我毕竟是一位教授，我自己鼓励自己，如果我要教学生了解世界，就需要像一个成人一样行动。

果真，我找到了去宾馆的路，而且还搞清楚了如何抵达会场。到用午餐时，我决定做一件和我性格大不符的事情。既然我要和一个陌生人一道享用三明治——这件事本身就够令人紧张的，为什么不找一位自己敬仰的人，而碰巧他也在参加会议的科学家呢？于是在午餐时间，我极力控制住这一愿望引发的紧张，向一位科学家做了自我介绍，并询问他有无其他安排。

“抱歉，确实有安排。”他说。当时我真想自己扇自己的耳光，我居然会认定这位科学界的权威人物，会与他以前从未谋面的年轻人闲聊。

但接着，他很随和地笑着说，他晚饭有时间。

接下来的 5 天里，处处充满奇迹。人们不仅愿意交谈，而且还愿意热切地倾听。他们思想开放、求知欲强；他们和我一样对同样的事情感兴趣。他们毫无保留地贡献出自己的见解、建议，甚至是联系方式。这次经历是我涉及关系网络的第一次实践课，而网络也成了我终身研究的主题。

有些人天生就具有这样的才能，能搭建起有价值的关系，但我不是这种人。就我而言，建立关系网络是我需要获得的技能。在圣路易斯之后我开始意识到，我必须为此努力。但是在那时我还不知道，这次出行是我首次实践成功第一定律。单有能力表现是不够的，如果我希望自己的工作能产生任何影响力，就不能逃避那些会对我的研究做出评价和认可的人。如果我想鼓励其他人取得成功，就得公开赞扬他们的成就。我是成功方程式两边的参与者，作为个人，也作为集体当中的一分子。这种给予和接受的模式正是构成我们成功并最终决定我们命运的基础。

我并不是要对“关系网络”这个词所包含的浅薄和简单意义表示愤世嫉俗般的赞同。如果我的成功取决于集体而不是个人，那么我们就禁不住会得出这样一个假设：我们的能力表现、才华，或者激情都不重要。我需要做的一切就是找到合适的人，见缝插针，见风使舵，然后成功就像滚雪球一样越来越大。但正如成功第三定律所提醒我们的那样，这种方法也只能让你止步于此，如果你想长期获胜，能力表现是不可或缺的，你的成果需要具有高度的社会适应度和竞争力。

你可能在营销方面比你的竞争者略胜一筹，或者更善于建立关系网络，而人们还没有注意到你不可靠的能力表现。但是，驱动成功的真正引擎是第三定律——社会适应度乘以以前的成功。这两个因素相乘，相互建构。如果你希望成功，但仅具有这两个因素中的一个，就相当于任何数字乘以零，最终你得到的只是一事无成。

在参加圣路易斯的会议之前，我在 IBM 作为博士后工作了一年。隔壁办公室有一位颇有建树的科学家，在一所有很高声望的实验室里做全职研究员。我把他视为导师般的人物，有一次我问到他，他参与的最重要的项目是什么。他已经拥有几项发现，完全可以轻易地列举一二。但他的回答使我感到惊讶，甚至有些失望。他回答说，他目前正在从事的项目。“我最重要的项目？我手头正在进行的项目总是最重要的。”他补充道。

那个时候，我并不理解他的回答，甚至以为他是刻意避开这个问题，试图把我晾在一边。但他的这一回答就像一个深奥的概念一样，让我多年来难以忘怀。现在我已是天命之年，终于明白了他想表达的意思。完成《巴拉巴西成功定律》这本书是我所做过的最重要的事情。我现在正在撰写的有关大脑网络的论文将界定我的职业生涯。我们正在着手进行的有关食物组学的项目，可以帮助我们了解个性化的营养结构，这将是改变世界的项目。老实说，我真诚地相信所有这些目前正在付出的努力都是重要的。如果你愿意倾听，我将会非常高兴花几个小时来谈论它们当中的任何一个项目，而且还会力图让你相信，每一个项目都具有变革性。如果你下一年问我，我肯定还会说同样的事情——有关某个尚未构思出来的项目。

自从发现了成功第五定律，我不再那么想入非非了。因为我们的影响力何时到来并没有一个可预测的规律。我们项目中哪一个最重要，完全是随机的。运气、产量以及我们的 Q 因子共同决定了影响力的大小。因此，我所能够依靠的几项不多的担保之一就是，尝试得越多，我的 Q 因子发光的机会也就越多。

对于我，或任何意志坚定的工作狂来说，这是令人感到宽慰的提醒，所有的可能性都在前方。这让我想起了大器晚成的约翰·芬恩在瑞典国王面前接受诺贝尔奖时的情景。他佩戴着红色的蝴蝶结领带，身穿黑色的燕尾服，灿烂的笑容在他布满皱纹的脸上绽放，在毫不动摇地努力一生之后，他在 85 岁高龄最终获得了他应得的荣誉。

我还想到了爱因斯坦写于 1935 年的论文，那年他 56 岁，已远远超过他自己设定的创造力衰竭的年龄边界。那篇论文的要旨很清楚：量子力学，这一物理学最盛行的理论是有瑕疵的。他预言了一种称之为“量子纠缠”的奇怪现象，一种比光速还快的“远距离的、幽灵般的作用”，这违反了爱因斯坦自己的相对论。数十年间，科学家将 1935 年的这篇论文认定为一位年纪偏大的天才误导性的胡言乱语。但是，到 20 世纪 90 年代，物理学家认识到纠缠是量子力学的关键特征，情况就一下子发生了变化。重新发掘出来的爱因斯坦的论文成了量子计算的基础。今天，有关量子力学的这篇论文是爱因斯坦被引用得最多的科学贡献，甚至超越了他的相对论。

脑子里想着这篇论文，我匆匆地走进了实验室，倒了一杯卡布奇诺，继续工作起来。

爱因斯坦的故事提供了一个生动的范例，说明成功的道路是多么错综复杂。毕竟，他的面孔是世界上最持久、最易于识别的面孔之一，在我们的文化意识里占据了极其罕见的地位，《时代周刊》称他为“世纪伟人”。我们可能会说，这种关注是实至名归的，因为他的成就是如此卓越，应该收获这样的成功。然而，真相并没有这么简单。的确，没有人质疑爱因斯坦杰出的科学成就，这就使人们做出一个似乎合乎逻辑的假设，就像那些在东河迎接那艘汽船的新闻记者所认定的那样，1921 年 4 月 3 日的早上，聚集在炮台公园的人群是为爱因斯坦卓越的才华而欢呼的。

但事实是，爱因斯坦并不是以一位科学家的身份抵达纽约的。他当时的身份是代表团中的一位成员，陪同国际犹太复国主义组织主席哈伊姆·魏茨曼到访美国，目的是宣传在当时的巴勒斯坦土地上，建立一个新的犹太国家的思想，这是一项许多纽约犹太人心目中的神圣事业。在庆贺汽船到来的 2 万人当中，没人真正在意什么相对论，他们是想表达对犹太复国主义的狂热支持。犹太社区的领袖鼓励大家去参与。后来成为以色列国首任总统的魏茨曼受到了纽约市长的迎接，并被授予“城市钥匙”的荣誉。他是第一位获得此项荣誉的犹太人。对于长期遭受迫害的宗教少数族裔而言，这是一个非常重大的历史时刻。人们成群结队地来迎接他们的犹太复国主义英雄，甚至没有任何人留意到陪同他的物理学家。

多亏了当年犹太人的报刊，我们才知道了这一切，这些报刊在它们的头条中报道了整个事件。《前进报》（*Forward*）的大字标题宣称，“纽约举行盛大游行欢迎犹太复国主义代表团”。这篇报道描述了《纽约时报》和《华盛顿邮报》在头条新闻里报道的同一游行，但不同的是，《前进报》和其他犹太报刊清楚地知道，那些人群为什么聚集在那里。在犹太报刊里，不仅在头条标题里看不到爱因斯坦的名字，在报道文章中，他的名字也只是作为魏茨曼的随行人员而被一笔带过。

将此与《华盛顿邮报》文章的开场白做一个比较：“今天几千人聚集在码头，迎接著名的科学家、爱因斯坦相对论的开创者——阿尔伯特·爱因斯坦教授。”尽管文章很快就提到，爱因斯坦“是作为尊贵的犹太人党派的一员抵达这里的”，但并没有过多介绍其他同行人员。在谈及爱因斯坦夫人对相对论的反应时——“他将自己的理论告诉我过无数次，但我现在已经没有多少印象了”，文章的评述才最终揭晓，魏茨曼是犹太复国主义代表团的团长。

通过错误地将爱因斯坦置于头条标题，非犹太人的新闻报刊对爱因斯坦做的，就像阿努特·范·德·里特对 Kickstarter 网站上的众筹项目和维基百科的编者所做的一样，他们给了爱因斯坦一个巨大的推力，将他置于通往成功的跑道上。从那一天开始，爱因斯坦成了社会名流，无论去什么地方都会吸引一大群人。与其他科学家相比，爱因斯坦真是前无古人后无来者，他的声望源于一个偶然事件，与他的科学成就完全没有关系。他碰巧在一个恰当的时间出现在一艘恰当的船上。

成功可以复制，只要你善用五大定律

爱因斯坦的故事以一种怪异的方式概括了本书讨论的成功定律。我们对成功的界定是，成功与你无关，与我们有关。爱因斯坦的情况完全符合这一定义，他所获得的逾越科学团体的超高认可度，在很大程度上与出人意料的群体反应有关，而不是他的成就。

成功第一定律是，能力表现驱动成功，但当能力表现不能被测量时，社会网络驱动成功。爱因斯坦已经使自己成为杰出的科学家，这也是为什么新闻记者急于要采访他的首要原因。但他最初能够登上那艘汽船，还是因为爱因斯坦的个人网络，因为他与科学团体之外的事业和重要核心建立的联系。在通常讲述的有关爱因斯坦的成功故事中，这个网络在很大程度上被我们忽略了。

成功第二定律是，能力表现是有界的，但成功是无界的。我们将爱因斯坦视为科学巨人，但像牛顿、尼尔斯·波尔、马克斯·普朗克、沃纳·卡尔·海森堡这些科学家，在物理学上与爱因斯坦有着同样深远的影响力。他在我们的集体记忆中的超高形象，仅仅用能力表现本身来解释是说不过去的。无论如何，他的无界的成功是不言而喻的。不信你试一试，将爱因斯坦的照片拿到街上让人们辨认一下。

成功第三定律是，初始的成功乘以社会适应度等于未来的成功。这些因素在爱因斯坦的成功故事里都发挥了作用。将他置于头条新闻的标题中，新闻记者为他提供了推力，让他滚雪球般的成功得以启动。但尽管如此，爱因斯坦作为物理学家的杰出和卓越，也是这个等式得以成立的关键。

虽然成功第四定律的前部分——团队的成功需要多样性和平衡性，似乎并不适合爱因斯坦，因为他的大多数论文都是独立完成，但后部分——功劳往往归于一人，则完全适合。功劳与能力表现无关，与他人的看法有关。爱因斯坦的故事就依赖于一个错误归因，把那些犹太复国主义的支持者认定为是来欢迎爱因斯坦的。他并不是犹太复国主义最重要的倡导者，在这方面他最多也只是个小角色；但是对于非犹太新闻记者来说，他是代表团里最为大家熟知的人物，从而上了新闻头条。

成功第五定律是，成功可以发生在任何时间和年龄，只要你坚持不懈。还记得在爱因斯坦职业生涯的后期，有关量子纠缠的那篇论文吗？这篇论文最终成了他对科学做出的引用量最多的贡献，其影响力超越了他在 1905 年所写的 5 篇论文中的任何一篇，那一年，爱因斯坦奇迹般地做出了诸如相对论和量子力学这样一鸣惊人的重大发现。而他从未停止努力，一个创意接着一个创意，一篇论文接着一篇论文，成果不断，直至离世。这也提示我们，坚持不懈可以引领我们走向远方，特别是当它与我们的高 Q 因子结合在一起时。

这是否令人感到惊讶？这 5 条简易的成功定律涵盖了这位科学界最著名人物的成功故事，但他不是唯一一个。你能够想到的任何人，比如帕丽斯·希尔顿、米克·贾格尔或者纳尔逊·曼德拉，他们的成功之路都由这些定律决定。因为这些定律具有普遍性，如果我们希望在生活中培育和促进成功，它们也同样适合我们。

我在《巴拉巴西成功定律》这本书的开篇便说了，科学定律是永恒不变的，我们不能因为自己的目的去改写它们，但我们可以利用对它们的认识，去影响我们未来的选择，造福于整个世界。同样的道理也适用于成功定律。虽然我们不能够改变它们，但我们能够利用它们来进行评估，什么时候能力表现本身就足以成功，什么时候不能。我们从这些定律中得到的启示也可以帮助我们找到一个平衡点，以确定在磨炼技能和建立网络上，我们应该付出多少努力；在我们所从事的项目上，评估功劳应该如何分配以及如何从战略上选择我们的合作伙伴，以提升创造性。当我们利用科学的工具将成功分解开来，去除它的神秘性，就能了解什么是我们能够控制的，而什么是不能的。最重要的是，我们能够用不同的定律进行组合，以最大程度优化结果。我们还可以利用这些定律，剖析我们身边的成功故事，了解我们所敬仰的人身上起作用的成功机制——这也是人性化我们英雄的一种演练。

就像爱因斯坦的故事一样，许多成功故事似乎依赖于一个或者一系列偶然事件。众所周知，好莱坞的名流都有各自发迹的故事——一次幸运的邂逅或一个有实力的朋友，将他们推向公众的视野里。这里面肯定也有运气的成分，它通常与启动优先连接的首次推动力有关。但是，正如 Q 因子提示我们的那样，除非我们在机遇来临的时候能抓住并不断地利用它们，否则运气是没有用的。

我们现在知道，成功定律构成了每一个成功故事的基础，将看起来似乎是随机的东西，以一种几乎可见的方式结合起来。这意味着，这些我们现在了解的定律给了我们绝无仅有的机会去为成功做好准备。我们可以超越自我奋斗这样的比喻，因为它太强调提高自身能力表现，我们需要做的是针对目标和需求制定策略，开创我们的未来。我们可以利用成功定律优化我们的结果，就像我们能够利用运动定律来制造更好的飞机一样。

我们还可以看到，我们周围的不平等是如何受到这些定律的影响，以及我们如何能够利用对成功背后机制的认识，来创造一个更公平的社会。如何做呢？助推我们周围许多值得给予支持的人走向成功；帮助我们网络中可见度不高的节点建立重要的连接；关注那些成长受限于自身环境的小朋友，对他们伸出援手；认识到能力表现并不是成功的唯一通路，我们可以通过一系列切实可行的策略，协助那些满怀希望的后起之秀。

不用再去祈求幸运之神的青睐，我们现在已经拥有一个基础理论，帮助我们达到个人和社会的目标。科学可能还是一门新学问，成功定律却不是。就像所有的科学定律一样，成功的五大定律具有普遍性，是永恒的。它们构成了成千上万个成功和失败的个人故事，这些故事中的每一个都可以通过这一新的透视镜观察和认识。从马丁·路德·金到披头士，再到爱因斯坦，尽管他们都是天才，但他们每一个人都不清楚，他们所获得的迅速飙升的非凡荣誉之后的定律。而现在，我们不再如此，这些定律正是我们可以加以利用的重要优势，以使我们孜孜以求达到他们登上的事业巅峰。

致 谢

我的学生、合作者，甚至是我的孩子，经常向我寻求如何获得成功的建议。但我常常觉得，我给他们的回答并不能令人满意，因为这些回答依据的数据太少。事实上，我的见解通常依赖于单一个案的研究，即我自己的经历。直到成功科学出现，我才有了机会，将几个数据增加到上千个，有时甚至数百万个，从所有同事的成功和失败的案例中学习。我决定跟随数据的轨迹，将成功这一主题，转化为具有吸引力的研究课题，它也确实引起了实验室许多研究人员的兴趣。《巴拉巴西成功定律》这本书正是这一经历的记述。

这并不是一个孤独的旅程。我非常感激所有让我分享他们的激情和专长，帮助我揭开成功的根源和定律的神秘面纱的人。很多年前，我在网络科学中心就已经开始了这项工作，最初只是作为几个孤立的项目，后来通过成功学课题小组，逐渐使它变得正规化，而且还有一群研究员投身其中。一些研究员做出的贡献已在本书中讨论过，其他的仅在注释中提及。成功学课题小组的成员包括：王大顺、罗伯塔·西纳特拉、宋朝明、皮埃尔·德维尔、布尔库·于泽索、亚历山大·盖茨、奥努尔·瓦罗尔，这些人在正文中都提到了；我还要感谢：Michael Szell、Gourab Ghoshal、Jim Bagrow、Junming Huang、Xindi Wang、Yasamin Khorramzadeh、Maximilian Schich、Qing Jin、Wei Li、Yifang Ma、Nick Bloom、Luca Papplardo、Paolo Cintia、Fosca Giannotti、Dino Pedreschi、Hiroki Sayama。

我们对艺术的调查研究，也是产生于我们对成功的追求，我要感谢山姆·弗雷伯格、罗伯塔·西纳特拉、克里斯多夫·里德尔（Christoph Riedl）以及马格努斯·雷施对此做出的贡献。我同彼得·库洛伊（Peter Kulloi）、安妮·思德曼（Anne Thidemann）、阿蒂拉·里登伊（Attila Ledenyi）和米兰·加诺索夫（Milan Janosov）关于艺术和成功的讨论，令我受益匪浅。我还必须感谢奥索亚·瓦萨赫伊（Orsolya Vasarhelyi）和加诺索夫，是他们帮助我在布达佩斯的中央欧洲大学进行首次成功学的教学。在我尝试找出成功定律的过程中，得到了几位数据大师和平面设计师的帮助，特别是：Mauro Martino、Kim Albrecht、Alice Grishchenko、Gabriele Musella。

“我是站在巨人的肩膀上。”牛顿曾经写道。这句话也是对本书背后的研究最充分的诠释。本书能够顺利出版，离不开许多才华横溢的同事，他们分享了不起的发现，为诠释研究结果提供帮助，而且，在有些情况下，甚至允许我翻阅尚未发表的材料。我希望能向所有的人致谢，他们是：阿努特·范·德·里特、布赖恩·乌兹、巴拉兹·韦德里斯、菲利波·拉迪奇、曼纽尔·塞布里安、埃斯特班·莫罗、阿莱克斯·彭特兰、迪安·基恩·西蒙顿、邓肯·瓦茨、埃里克·布林约尔松、吉恩·斯坦利、凯斯·斯塔诺维奇、马修·塞尔加尼克、皮埃尔·阿祖莱、希南·阿拉尔，这些人同样都在正文中提到过；我还要感谢：Andres Abeliuk、Alan T. Sorensen、Alex Petersen、Benjamin Jones、Bruce I. Sacerdote、Carlos Gershenson、Nicholas Christakis、Peter Csermely、David Galenson、Dirk brockmann、

Fabio Pammolli、Fabio Pammolli、Gabor Kezdi、Gal Oestreicher-Singer、Dirk Helbing、James A. Evans、Matthew J. Salganik、Matthew O. Jackson、Csaba Pleh、Robert Olah-Gal、Ronaldo Menezes、Santo Fortunato。

另外，我还要感谢许多朋友和同事，他们是 Gyorgy Dragoman、Viktor Segal、Gergely Boszormenyi、Eszter Angyalosy、Thea Singer，他们贡献了自己观点和建议，应该在本书中留名。Jay Zagorsky、Jozsef Baranyi、Akos Erdos、Daniel Barabasi、Janet K. Kelley、Adam Halmos 和阿努特·范·德·里特对书稿提供了重要的反馈，Peter Ruppert 帮助我思考成功学研究的商业意义。我还要特别感谢我在布鲁克林的邻居居阿科斯·厄多斯，是他送给我朗朗和诺拉·琼斯的音乐会门票，音乐会给我留下了难忘的经历，也写入了本书。我还要感谢我在布达佩斯的邻居塔马斯·哈莫里，他帮助我了解了职业网球运动员的成绩；还有帮助我在古典音乐世界里遨游的朋友。还有几位早期的支持者，他们是：纳西姆·尼古拉斯·塔勒布（Nassim Nicholas Taleb）、尼古拉斯·克里斯塔基斯（Nicholas Christakis）、塞萨尔·伊达尔戈、阿莱克斯·彭特兰、桑托·福图纳托（Santo Fortunato）、詹姆斯·伊万斯（James A. Evans）、吉姆·斯坦利和约瑟夫·罗斯卡佐（Joseph Loscalzo），在项目的初期便欣然予以赞助。

在我埋头写作《巴拉巴西成功定律》的这许多年里，James Stanfill、Jazz Robertson、Suzanne Aleva、Brett Common 接替了许多实验室的管理工作，使我能集中精力，专注于书稿的写作。Eniko Janko 和 Sarah Morrison 在本书写作的各个阶段，帮助我编辑、整理书稿。

没有一个非常专业的出版团队，我不可能成功地写出一本有关成功的书。我要特别感谢我的超级明星经纪人道格·阿布拉姆斯（Doug Abrams），他一度耐心地通过电话和我通话三个小时，帮助我清楚地表述自己所要表达的意思。没有他对这个项目的特殊参与，本书将会有很大的不同。他小组“创意设计师”（Idea Architects）中的成员 Jess Krager、Kesley Sheronas、Jo Grossman，在推动项目进展方面提供了特殊的帮助。还要感谢涉外经纪人 Camilla Ferrier、Chandler Crawford、Jo Grossman，他们保证了《巴拉巴西成功定律》能在任何地方买到。我的朋友和匈牙利出版商亚当·哈尔莫斯（Adam Halmos），在项目的自始至终都对我鼓励有加。

在过去的两年间，Carrie Braman 致力于对本书的编辑和日常输入，我对她的感谢无以言报。她赋予了文本以生命，找出许多主要观点的出处，帮助我以一种之前我都认为不可能的方式，将科学观点表达出来，与她工作真是一件快事。Katherine Vaz 在本书的关键节点加入编辑团队，她富有技术性的建议，帮助我们将项目推向终点线。James Stanfill 为要点查找出处，是本书最初几章得以成形的中坚力量。来自利特尔 & 布朗出版公司（Little, Brown & Co., Inc.）的 John Parsley 看到了《巴拉巴西成功定律》的早期潜力。非常感谢他以及我的编辑 Phil Marino，是他帮助我们将幻想变成了现实。他的帮助使最终的成书看起来更为美观。

多亏了布达佩斯和波士顿的众多咖啡店，比如 Fixe、Mantra、Madal 以及很遗憾已经不再营业的 Alibi，它们有很了不起的咖啡师，有一段时间，他们很宽容地让我一连数天待在店里，用他们那美妙的咖啡，为项目的推进推波助澜。

最后，我要感谢我的妻子珍妮特，她能理解，在一个家庭中，成功需要空间以产生新思想，还有我的孩子们，丹尼尔、伊莎贝拉和勒纳德，因为致力于《巴拉巴西成功定律》的写作，我错过了许多和他们欢聚的时日。我希望，我在研究成功学的过程中获得的许多见解，也能让他们从中受益。

注 释

引 言

1. 王大顺的第一篇关于灾难主题的论文见：J. P. Bagrow, D. Wang, and A.-L. Barabási, "Collective Response of Human Populations to Large-Scale Emergencies," *PLOS ONE* 6, no. 3(2011): 1–8。我们第一篇关于成功的论文在两年后发表：D. Wang, C. Song, A.-L. Barabási, "Quantifying Long-Term Scientific Impact," *Science* 342 (2013): 127–31。

2. 第一届以成功为主题的科学研讨会在哈佛大学举行，想要了解更多的信息，可以参看网页 http://success.Barabasilab.com/2014/。

01　红色男爵与被遗忘的王牌

1. 关于冯 · 里希特霍芬的相关信息可参考："The 'Red Baron' Scores Two Victories," EyeWitness to History (2005), http://www.eyewitnesstohistory.com/richthofen.htm; "Mystery of Who Killed the Red Baron Manfred von Richthofen Finally Solved," *Daily*

Mail, October 18, 2015; "Ace of Aces: How the Red Baron Became World War Ⅰ's Most Legendary Fighter Pilot," *History Stories* (2016)。红色男爵参与的空战影像资料可参考纪录片《红色男爵：第一次世界大战中最可怕的战斗机飞行员》（*The Red Baron: The Most Feared Fighter Pilot of World War I*）。

2. 里希特霍芬对流行文化的影响非常深。

3. 了解德国王牌飞行员的名气如何随他们的成就呈指数级增长的详细信息，可参考：M. V. Simkin and V. P. Roychowdhury, "Theory of Aces: Fame by Chance or Merit," *Journal of Mathematical Sociology* 30, no. 1 (2003): 33–42。2009 年，这两位作者发表了一项后续研究，研究主题为获得诺贝尔奖的物理学家的名气与成就之间的对应关系度。

4. 了解有关雷内·方克的更多信息可参考斯蒂芬·谢尔曼（Stephen Sherman）撰写的《雷内·方克：第一次世界大战中的法国王牌》（*René Fonck —Top French Ace of WWI*）; 2017 年由肯尼迪·希克曼（Kennedy Hickman）撰写的传记体文章《第一次世界大战：雷内·方克上校》（*World War I: Colonel René Fonck*）。

5. 了解更多关于克劳德特·科尔文对民权运动的贡献，请参考埃米·古德曼（Amy Goodman）于 2013 年 3 月 29 日在《民主，就现在》（*Democracy Now!*）栏目中对她的采访。

6. 了解更多关于托马斯·爱迪生和怀特兄弟的故事，可参考埃里克·戈德沙因（Eric Goldschein）和罗伯特·约翰逊（Robert Johnson）于 2011 年发表的文章《莱特兄弟没有发明飞机……以及其他 9 大"盛名不符"的发明家》（*The Wright Brothers Didn't Invent the Airplane...and Nine Other Inventors Who've Been Wrongly Credited*）。

7. 塞萨尔·伊达尔戈来自麻省理工学院媒体实验室，他设计了"万神殿项目"的指导方针，可参考：Yu et al., "Pantheon 1.0, a Manually Verified Dataset of Globally Famous Biographies," *Scientific Data* 3, no. 2 (2016): 150075。2014

年 3 月 14 日，《纽约时报》简明概要地进行了分类，梳理了许多名人事迹，题为《谁比耶稣更有名？》（*Who's More Famous Than Jesus?*）。2014 年，朱莉安娜·罗斯（Julianne Ross）在 Mic.com 网站上发表了评论文章《历史上最著名的 100 人中只有 8 名女性》（*The List of the 100 Most Famous People in History Only Has 8 Women on It*），这篇文章强调了"万神殿项目"的名单展示了根深蒂固的性别歧视史。

8. 我们这里引用的亚里士多德的话有不同版本，来源于亚里士多德的《尼各马可伦理学》（*Nicomachean Ethics*），由特伦斯·欧文（Terence Irwin）翻译（Indianapolis: Hackett Publishing, 1999, NE I.5, 1095b23–30）："然而，对于我们所追求的善来说，声誉显得太过肤浅。因为声誉取决于授予者而不是取决于接受者。我们的直觉认为，善是一个人属于自己的东西，不易被拿走。此外，人们追求声誉似乎是为确证自己的优点，至少是从认识他们的、有智慧的人那里得到声誉，并且是因德性而得到声誉。"

02 大满贯和大学文凭

1. 我们如何衡量科学领域的能力表现呢？詹姆斯·巴格罗之前是我实验室的工作成员，2008 年，他发表了一篇论文，将生产力作为衡量科学能力表现的依据。巴格罗和同事收集了不同物理学家发表论文篇数的数据，将这个数字与物理学家的可见度（谷歌的点击量）进行了比较，发现生产力和可见度之间存在一定的比例关系，即能力表现和科学知名度之间存在直接关联，知名度是成功的一个方面。详情可参考：J. P. Bagrow et al., "How Famous Is a Scientist? — Famous to Those Who Know Us," *Europhysics Letters* 67, no. 4 (2004): 511– 16。

2. 可从以下事例中了解职业网球联合会的积分制度：2015 年 9 月诺瓦克·德约科维奇的得分为 12785 分，这让他成为男子网球界的顶级球员，罗杰·费德勒排名第 2，得分 6725 分。2003 年，当时的女子网球冠军是贾丝廷·赫宁·哈登（Justine Henin Hardenne），获得了 6628 分。相比之下，安娜·库尔尼科娃（Anna Kournikova）同年得分只有 67 分，这个两位数的得分使她排名第 305 位。这些分数可以用于比较所有运动员的表现，以此衡量每个网球运动员的表现。这些分数为我和布尔库・于泽索研究能力表现与成功的关联性提供了关键指标。

3. 据《福布斯》报道，2014 年，费德勒的收入在运动员中排名第 5，其中，锦标赛奖金在 6700 万～ 9000 万美元，其余为代言收入。他的代言收入高居榜首。2014 年，费德勒的品牌代言收入超过世界上其他所有的运动员。

4. 代言收入在网球和高尔夫球等体育运动中尤为可观，虽然在大众眼中它们是私人俱乐部和贵族的游戏。与足球相比，虽然网球在全球范围内的受众数量较少，但网球的追随者无疑更富有：2015 年 6 月 17 日，阿什莉・万斯（Ashlee Vance）在《彭博新闻》（*Bloomberg News*）发表了一篇文章，文章表明，观看美国网球公开赛的粉丝的家庭平均年收入是 15.6 万美元。奢侈品牌会支付给受大众喜爱的体育明星代言费，以换取粉丝的注意力。知名度不高的运动员，即那些你在体育竞赛中不太认识的运动员，所获得的奖励远没有这么丰厚。《维多利亚大学新闻》（*Victoria University News*）2015 年的一篇报道显示，参加专业比赛的成本约为 16 万美元，没有几个运动员可以在赛场上赚到这么多钱来支付这笔费用。事实上，澳大利亚网球联合会（Australian Tennis Federation）的一项研究表明，2013 年，只有 150 名职业网球选手能够仅靠比赛奖金实现收支平衡。甚至排名靠前的球员也开始依靠代言费来支付训练、旅行和时间等成本。所以那些赢得比赛的人通常会获得两次奖励：他们不仅获得了令人垂涎的奖金，还获得了知名度。知名度是他们获得代言和财富的关键因素。

5. 于泽索和巴拉巴西的研究论文《从成功中解构能力表现》（*Untangling Performance from Success*）可在金・阿尔布雷克特（Kim Albrecht）开发的网站（http://untangling-tennis.net/）上获取。该网站是专门针对这个项目开发的，网页中的短视频展示了相关数据和一个可视化工具，用户可以通过这个工具查找和分类信息，对展现每个运动员的表现和成就的图表进行比较。

6. 这项规则有一些例外。我们的数据显示，大约有十几个人打破了这项规则。这些人的名气在本不该上升的情况下飙升，导致维基百科访问量出现不稳定的增长。这种情况显然不该发生。有趣的是，这些人不是网球界经验丰富的老将，而是年轻的球员，他们目前在球场上的表现跟他们的名气不相符。以莱恩·斯威廷（Ryan Sweeting）为例，他是一个不起眼的球员，在专业比赛上的排名从未超过第 64 位。他的名声值在于泽索的图表里微乎其微，直到这个值在一夜之间增加了 10 倍，好像他的比赛排名上升了 50 位一样。于泽索了解了斯威廷的知名度暴涨的原因时，咯咯地笑了起来。人们去访问他的维基百科页面，并不是因为他获得了一场令人震惊的胜利，而是因为他与凯莉·库柯（Kaley Cuoco）突然订婚。库柯是《生活大爆炸》中饰演佩妮（Penny）的女演员。小报称，库柯和斯威廷只约会了两个月就打算结婚了，所以这次订婚在一定程度上引起了一些流言蜚语，人们很好奇"他的未婚夫是谁"。这种好奇被于泽索的图表捕获到，他俩宣布订婚之后，斯威廷的页面浏览量达到 12 万次。他与库柯结婚的那一个星期，他的名气升至历史新高：17 万次访问。接下来说说德约科维奇。不是那个名列前茅的诺瓦克·德约科维奇，毕竟，他赢得了 12 个大满贯冠军。我们要说的是马克·德约科维奇（Marko Djokovic），他是诺瓦克·德约科维奇的弟弟，也打网球。他的知名度跟排名第 30 位的球员差不多，但他在专业赛场上的排名从未超过 581 位。马克之所以有这种"不劳而获"的名声，原因很简单：人们经常把他和他已获得巨大成功的兄弟相混淆。人们对网球冠军德约科维奇进行了几百万次的搜索，但是这个名字太难拼写了，有些访问就链接到了马克的主页。这足以让他获得超出他成就的知名度，所以于泽索原本可靠、精准的公式好像不那么准确了。

7. 常春藤联盟学校毕业生的收入数据来自美国教育部。2015 年 9 月 14 日，克里斯多弗·英格拉姆（Christopher Ingraham）在《华盛顿邮报》的博客上发表了一篇文章，该文章用图表解释了这个发现的相关数据和详细信息。

8. 了解更多关于波士顿地区考试学校和相关发现的信息，可参考：A.

Abdulkadiroglu, J. Angrist, and P. Pathak, “The Elite Illusion: Achievement Effects at Boston and New York Exam Schools,” *Econometrica* 82, no. 1 (2014): 137–96。

9. 详情可参考克里斯蒂安·波普埃里奇（Cristian PopEleches）和米格尔·厄奎奥拉（Miguel Urquiola）关于罗马尼亚学校系统的类似研究：“Going to a Better School: Effects and Behavioral Responses,” *American Economic Review* 103, no. 4 (2013): 1289–324。作者发现进入精英学校学习确实可以提高学生的学士学位考试（罗马尼亚的高考）的分数，但是差距很小。由于这个分数提高量微乎其微，因此该研究证明个人成就最重要。

10. 可参见以下三篇文章，文章清楚地解释了他们的发现，并探讨了这些发现的内在含义：史黛西·黛尔（Stacy Dale）和艾伦·克鲁格（Alan Krueger）于 2011 年发表的精彩文章，“Estimating the Return to College Selectivity over the Career Using Administrative Earnings Data,” by the National Bureau of Economic Research (Working Paper No. 17159)；他们更早的一篇论文“Estimating the Pay-off to Attending a More Selective College: An Application of Selection on Observables and Unobservables,” *Quarterly Journal of Economics* 117, no. 4 (2002): 1491–1527；戴维·莱昂哈特（David Leonhardt，于 2011 年 2 月 2 日发表在《纽约时报》的文章：《重温精英大学的价值》(*Revisiting the Value of Elite Colleges*)。

11. 黛尔和克鲁格认为参加常春藤联盟学校有很多好处，它可以并且确实为第一代低收入和少数族裔申请者提供了社会网络。这些学生的情况和他们的发现不一致。

12. 即使像网球和击剑这样的个人运动，输赢也往往取决于多种因素，不只是特定运动员的表现。他的对手的表现也很重要。如果安娜·莎拉波娃（Anna Sharapova）与塞雷娜·威廉斯（Serena Williams）比赛，如果威廉斯受伤或头疼，或者恰好错过了很多投球，那么莎拉波娃就会受益。如果莎拉波娃被个人问题困扰，或者被太阳光线影响，又或者她正处于低潮期，那么威廉斯更有可能取得胜利。

13. 了解评委具备哪些能力来正确评估足球运动员能力的信息，可参考："Human Perception of Performance," by Luca Pappalardo, Paolo Cintia, Dino Pedreschi, Fosca Giannotti, and A.-L. Barabási。

03　200万美元的小便斗

1. 关于阿尔·迪亚兹和让-米歇尔·巴斯奎特早期职业生涯的精彩文章有很多。我特别欣赏 *Huck* 杂志于 2017 年 10 月发表的一篇文章《让-米歇尔·巴斯奎特死党的怪诞故事》(*The Strange Story of Jean-Michel Basquiat's Original Partner in Crime*)，文章作者是奇安·特雷纳（Cian Traynor）。2017 年 9 月 6 日，阿什莉·凯恩（Ashleigh Kane）在 *Dazed Digital* 杂志网站发表文章《巴斯奎特的第一个艺术项目》(*The Story of SAMO, Basquiat's First Art Project*)，文章讲述了他和伙伴的关系以及怪诞故事的起源，这些故事从迪亚兹的角度描写，细节令人印象深刻。

2. 巴斯奎特这幅画作《无题》打破了拍卖纪录，了解更多画作和拍卖信息可参考《纽约时报》2017 年 5 月 18 日的文章《巴斯奎特画作拍出 1.1 亿美元，令人震惊》(*Basquiat Sells for 'Mind-Blowing' $110 Million at Auction*)，该文章由罗宾·波格莱宾（Robin Pogrebin）和斯科特·雷伯恩（Scott Reyburn）撰写。

3. 人们认为巴斯奎特将职业生涯掌握在自己手里，迪亚兹和其他许多人都承认，他愿意从事艺术商业活动。2017 年 5 月 21 日，凯瑟琳·布鲁克斯在《赫芬顿邮报》发表的文章《让-米歇尔·巴斯奎特如何成为美国终极艺术家》(*How Jean-Michel Basquiat Became the Ultimate American Artist*）可以证实这一点。

4. 2008 年 2 月，马丁·盖福特（Martin Gayford）在《电讯报》上发表了一篇出色的文章，《杜尚的作品 <喷泉>：发起艺术革命的恶作剧》(*Duchamp's*

Fountain: The Practical Joke That Launched an Artistic Revolution），这篇文章可以让我们更好地了解《喷泉》的起源。

5. 迪米特里·达斯卡罗普劳斯的引用，可参考弗朗西丝·瑙曼（Frances Naumann）撰写的《马塞尔·杜尚：金钱不是问题——反抗艺术市场的艺术》（*Marcel Duchamp: Money Is No Object—The Art of Defying the Art Market*），该篇文章于2003年1月4日文章发表在*Toutfait*杂志上，说明了杜尚在艺术界的重要性。

6. 可参考维基百科最昂贵的画作清单，销售价格超过1亿美元的艺术品越来越多。

7. 画作《戴金盔的男子》的作者改变之后，人们的兴趣大幅降低。了解更多信息，可参考："Credibility and Economic Value in the Visual Arts," H. Bonus and D. Ronte, *Journal of Cultural Economics* 21, no 2 (1997): 103–18。该论文还提出了评估艺术作品价值难度的背景，这一主题对本章至关重要。

8. 2017年11月15日，罗宾·波格莱宾和斯科特·雷伯恩在《纽约时报》发表了一篇文章:《达·芬奇的作品拍出4.503亿美元，打破拍卖纪录》（*Leonardo da Vinci Sells for $450.3 million, Shattering Auction Highs*），这篇文章提供了很多关于这幅画的销售和相关历史信息。

9.《蒙娜丽莎》被盗是一个引人入胜的故事，了解更多信息，可参考2009年5月，桃乐斯（Dorothy）和托马斯·胡布勒（Thomas Hoobler）发表在《名利场》杂志上的长篇文章《窃取蒙娜丽莎》（*Stealing Mona Lisa*）。

10. 艺术世界存在大家心照不宣的协议和实践，这些协议和实践过分强调通过画廊和经销商的关注获取声望，如果想要避开它们，不妨了解一下马克·格罗蒂扬。了解格罗蒂扬如何公然挑战艺术世界约定俗成获取成功的方法的详细信息，可参考2017年7月30日罗宾·波格莱宾发表在《纽约时报》的文章《当艺术家说了算：马克·格罗蒂扬的作品价格飙升》（*When an Artist Calls the Shots: Mark Grotjahn's Soaring Prices*）。

11. 了解更多艺术世界的关联性，可参考：“The Dynamics of Artistic Prestige,” Poetics 30, no. 3 (2002): 147–67。德·诺伊（De Nooy）引用了凯瑟琳·贾弗尔（Katherine Giuffre）的话，贾弗尔曾将艺术世界的职业阶梯比作一个“沙堆”，每个试图达到顶峰的人的所作所为，都会改变攀登的情况。对于理解艺术领域的成功，这个比喻通俗易懂，也与我们的发现一致。 如果一位知名艺术家突然在不知名画廊办展览，那么这个画廊就会获得声望。有声望的艺术家纷纷朝它而来，追随前人的脚步，这就改变了社会网络的形态。同样，如果一个顶级画廊给一个不知名的艺术家办展，其他画廊对这个艺术家也会有新的认识。

12. 我们有关艺术和社会网络的论文可参考：“Reputation and Success in Art,” by S. P. Fraiberger et al.。

13. 我在菲比·霍本（Phoebe Hoban）2015 年的传记里看到了沃霍尔的这句话，传记题目是《巴斯奎特：在艺术世界大赚一笔》（*Basquiat: A Quick Killing in Art*），该篇文章可在《纽约时报》网站搜索到。霍本提到，沃霍尔在艺术市场上有敏锐的观察力：“沃霍尔，一个狂热的预言家，他预示了整件事。”在 *PoPism* 杂志的一篇文章中，他为下一代指明了方向：“要想成为一名成功的艺术家，你必须在一个好的画廊展示你的作品，就好比迪奥（Dior）从来不在伍尔沃斯公司的柜台出售它的正品一样。在其他领域看来，这是一个营销问题。如果一个人花几千美元去买一幅画（他想买的是一些价值会不断上涨的东西），唯一可能的方法就是找到一个好的画廊，这个画廊会留心找到一个艺术家，推销他，确保他的作品以正确的方式展示给合适的人。因为如果艺术家名声减弱，那么这个人的投资也会付之东流。无论你有多么优秀，如果你没有使用正确的推销方法，你就不会成为被人铭记的著名的艺术家。”

04　一瓶葡萄酒价值几何

1. 有关霍奇森的故事和相关研究的详细信息，可参考戴维·德比希尔（David Derbyshire）于 2013 年 6 月 23 日发表在《卫报》上的文章《品酒——一门垃圾科学》（*Wine Tasting—It's Junk Science*），“机会与葡萄酒赢得的奖项有很大关系”这句话就出自这篇文章；另见威尔·斯托尔（Will Storr）于 2014 年 4 月 29 日发表在《电讯报》上的文章《我们所知的关于葡萄酒的一切都是错误的吗？》（*Is Everything We Know About Wine Wrong?*）。这些文章能让我们更好地了解霍奇森的背景以及现有研究的困境。

2. 博尔特和布雷克百米短跑纪录的成绩差别微乎其微，了解这一差别，可访问任意一家专注研究跑步数据的网站。了解更多信息，可参考罗伯特·萨瑟兰（Robert Sutherland）于 2016 年 8 月 14 日发表在《每日电讯报》上的文章《百米赛跑最快的 10 个人》（*The Ten Fastest Men in 100m History*）。

3. 了解更多有关有界和无界分布的数学差异的信息，可参考：chapter 4 and section 4.9 in my book *Network Science* (Cambridge: Cambridge University Press, 2017)。

4. 参见菲利波·拉迪奇的文章：“Universality, Limits, and Predictability of Gold Medal Performances at the Olympic Games,” *PLOS ONE* 7, no. 7 (2012): e40335。该论文预测了奥运会纪录。

5. 一个品鉴师每天品尝多少种葡萄酒？他们评判葡萄酒有哪些经验？了解更多信息，可参考威尔福德·黄（Wilford Wong）于 2014 年 6 月 26 日发表的文章《葡萄酒品鉴师的一天》（*A Day in the Life of a Wine Judge*）。

6. 详情可参考霍奇森的论文：“An Examination of Judge Reliability at a Major U.S. Wine Competition,” *Journal of Wine Economics* 3, no. 2. (2008): 105–13。文章表明，品酒师之间的判断缺乏一致性，同一品酒师在一段时间内的判断也缺乏一致性。霍奇森发表的关于葡萄酒获奖的一致性的论文同样令人着迷，可参见：“An Analysis of the Concordance Among 13 Wine Competitions,” *Journal of Wine*

Economics 4, no. 1 (2009): 1–9。

7. 了解更多关于基亚－朱恩·蔡的发现的信息，可参考："Sight over Sound in the Judgment of Music Performance," *PNAS* 110, no. 36 (2013): 14580–85；另见菲利普·巴尔（Phillip Ball）于 2013 年 8 月发表在《自然》杂志上的文章《音乐家的外表比他们的声音更重要》（*Musicians' Appearances Matter More Than Their Sound*），以便更深入地了解她的研究成果。

8. 雷纳托·弗洛雷斯（Renato Flores）和维克多·金斯伯格（Victor Ginsburgh）的论文详细描述了"伊丽莎白女王国际音乐大赛"的模式，可参考：The Queen Elisabeth Musical Competition: How Fair Is the Final Ranking?," *Journal of the Royal Statistical Society* 45, no. 1 (1996): 97–104。了解更多信息，可参考："Awards, Success and Aesthetic Quality in the Arts," *Journal of Economic Perspectives* 17 (2003): 99–111。

9. 2013 年 9 月 11 日，亚历克斯·玛雅（Alex Mayyasi）在《大西洋月刊》上发表文章《势利的科学：我们为什么认为花哨的东西更好》（*The Science of Snobbery: How We're Duped into Thinking Fancy Things Are Better*），该文章能帮助我们了解人们对精英领域的偏见是如何进一步加重的，比如古典音乐和葡萄酒品鉴。上文中对葡萄酒术语的引用来自威尔·斯托尔《电讯报》上的文章，也来自 BBC 食品和饮料栏目评论家吉莉·古尔登（Jilly Goolden）做的评论。

10. 了解更多有关欧洲电视歌唱大赛中存在的即时偏差，可参考万迪·布鲁尼·德布鲁因（Wandi Bruine de Bruin）的论文："Save the Last Dance for Me: Unwanted Serial Position Effects in Jury Evaluations," *Acta Psychologica* 118, no. 3 (2005): 245–60。该文探讨了 4 个不同领域中的表演顺序是如何影响比赛结果的，包括欧洲歌唱大赛和职业花式滑冰比赛。根据布鲁因的说法，在花式滑冰比赛中，即时偏差现象更加严重。因为滑冰运动员第一轮的得分决定了他在第二轮的表演顺序。如果他在第一轮中得分较低，就会垂头丧气地前往更衣室，因为他在第二轮比赛中的出场顺序比较早。如果第一轮出场顺序靠后的选手获得了高分，那么他就会兴奋地握起拳头，因为第二轮比赛中他的出场顺序也比较靠后。通过第一轮分数来确定第二轮选手的出场顺序，裁判的即时偏差现象变得更加严重。第一轮比赛以随机抽签的方式确定滑冰运动员的出场顺序，这个出场顺序最终会影响运动员两轮得分。当然，可以通过改变第二轮的出场顺序来减少即时偏差。如果那些已经从出场顺序获益的人在第一轮获得高分，那么在第二轮中他就要早出场，他们必须再次证明自己的勇气与耐力，证明他们在第一轮获得的高分。如果那些在第一轮中出场较早的人获得了低分，可以克服他们最初的劣势，让赛场更公平。

11. 美国西北大学布赖恩·乌兹的学生吉列尔莫·费尔南德斯－马萨拉姆布罗兹（Guillermo Fernandez-Mazarambroz）收集了相关数据，展示了即时偏差是如何影响西班牙法官候选人的评估结果的。

12. 了解更多关于美国食品药品监督管理局的投票模式及其产生的偏差的详细信息，可参考：D. Broniatowski and C. Magee, “Does Seating Location Impact Voting Behavior on Food and Drug Administration Advisory Committees?,” *American Journal of Therapeutics* 20, no. 5 (2011): 502–6。

05 超级明星和幂律

1. 了解更多有关泰格·伍兹童年故事的信息，可参考纪录片《神童泰格·伍兹》（*Tiger Woods: Prodigy*）。本章第一段中厄尔·伍兹的话就来源于这个纪录片。

2. 了解伍兹早期在高尔夫球场上巨大成就的信息，可参考纪录片《神童泰格·伍兹》。另见《时间轴：一个陷入困境的冠军》（*Timeline: A Troubled Champion*），这是 2009 年《纽约时报》的专题报道，精确地概述了伍兹令人印象深刻的高尔夫球职业生涯。

3. 我这里提到的伍兹的职业成就清单来自埃里克·马图谢夫斯基（Erik

Matuszewski）的文章《泰格·伍兹 41 岁生日献礼：41 个奇妙事实和数据》（*41 Fantastic Facts and Figures for Tiger Woods' 41st Birthday*），文章于 2016 年 12 月 30 日发表在《福布斯》杂志上。

4. 了解高尔夫运动中各类考核标准的钟形曲线，可参考 2003 年查里斯·默里（Charles Murray）出版的《文明解析》（*Human Accomplishment*）一书。

5. 了解伍兹 2013 年的开球得分和平均开球统计，可参考网站 pgatour.com 的《统计》（*Stats*）栏目。在这个栏目里，我还找到了有关亨利克·斯滕森（Henrik Stenson）、贾斯廷·罗斯（Justin Rose）和雷克·里斯特（Lake List）的相关数据。

6. 与其他著名非裔美国人相比，伍兹有多少财富？可参考马修·米勒（Matthew Mille）于 2009 年 5 月 6 日发表在《福布斯》上的文章《最富有的美国黑人》（*The Wealthiest Black Americans*）。2015 年 6 月 10 日，《福布斯》上的文章《2015 年世界薪酬最高的运动员》（*The World's Highest-Paid Athletes 2015*）显示伍兹当时排名第 9 位。

7. 了解更多关于伍兹的代言信息，可参考 2009 年 12 月 1 日的《电讯报》文章《泰格·伍兹的赞助和代言》（*Tiger Woods Sponsorship Deals and Endorsements*）。维基百科显示，2006 年，布莱恩·伯格（Brian Berger）在《体育商业电台》（*Sports Business Radio*）讨论了伍兹和耐克合同中的特别条款。

8. 这一章多次提到了罗森的开创性论文《超级明星经济学》（*The Economics of Superstars*）。该文是第一篇关于超级明星现象的论文，从经济学家的角度描述了超级明星。另见莫什·阿德勒（Moshe Adler）的文章《明星和人才》（*Stardom and Talent*），文章探讨了当我们无法区分所有竞争对手的表现时，成功是如何产生的。阿德勒的方法更符合该主题的最新发展和本章的看法。

9. 我在这本书中详细讨论了幂律和钟形曲线之间的区别：《链接：商业、科学与生活的新思维》（*Linked: How Everything Is Connected to Everything Else and What It Means for Business, Science, and Everyday Life*）。

10. 了解布朗和斯帕克斯 2009 年 10 月书籍的销售数据，可参考《纽约时报》发布的畅销书排行榜。

11. 了解更多关于全球收入差距扩大的信息，可参考拉里·艾略特（Larry Elliot）于 2017 年 1 月 15 日发表在《卫报》上的文章《世界 8 大富豪的财富总和等于 50%最贫困人口的财富总和》（*World's Eight Richest People Have Same Wealth as Poorest 50%*）。

12. 关于温伯格的故事，可参考赛琳娜·罗伯茨（Selena Roberts）于 2005 年 11 月 9 日发表在《纽约时报》上的文章《时代的体育：校园中的尴尬共存》（*Sports of the Times: An Awkward Coexistence on Campus*）。

13. 根据样本成员的状况，首席执行官与工人的薪酬比率的估计值稍有不同。统计数据来自詹纳·麦格雷戈（Jena McGregor）于 2017 年 7 月 21 日发表在《芝加哥论坛报》上的文章《2016 年主要公司首席执行官的收入是典型的美国工人收入的 271 倍》（*Major Company CEOs Made 271 Times the Typical U.S. Worker in 2016*）。

14. 此处引用来自前文提到的罗森的《超级明星经济学》。

15. 了解橄榄球收入和大学橄榄球收益数据，访问 https://www.forbes.com/pictures/emdm45el/1-university-of-texas- longhorns/#7398032730ed。

16. 了解温伯格的教学日程，可参考得克萨斯大学网站。

17. 了解温伯格论文的引用情况，可参考谷歌学术。

18. 论文引用成本的估算来自埃斯特班·莫罗（Esteban Moro）。他未发表这篇文章，该文指出在美国，论文引用的价值略高于 10 万美元，谷歌学术显示，像温伯格这样的科学家有一篇论文被引用高达 14000 次引用，其对科学的影响相当于大约 14 亿美元。

19. 2015 年，贾斯汀·汀布莱克在《福布斯》全球 100 名人收入榜中排名第 19 位。

20. 超级明星的演唱会门票收入快速增长，了解更多信息可参考爱德华多·波特（Eduardo Porter）于 2010 年 12 月 25 日发表在《纽约时报》上的文章《超级明星的薪酬高得令人窒息》（*How Superstars' Pay Stifles Everyone Else*）。这篇文章改编自波特的著作《万物有价：为什么我们要为所做的事付出代价》（*The Price of Everything: Solving the Mystery of Why We Pay What We Do*）。

21. 詹妮弗·布朗发表了一篇精彩全面的论文，其中统计了伍兹的表现和所有对泰格·伍兹效应的讨论，参考："Quitters Never Win: The (Adverse) Incentive Effects of Competing with Superstars," *Journal of Political Economy* 119, no. 5 (2011): 982–1013。

22. 难以想象，布朗做到了如此详细的分析，因为情绪、降雨等因素都可能会影响球员的得分。通过获取伍兹和他的竞争对手每年的比赛数据，布朗分析出了伍兹在比赛中的影响力。由特定比赛带来的独特挑战造成了表现差异，她能够解释这些差异。通过研究多年比赛中收集的数据，她分析了同一比赛中每个高尔夫运动员不同时期的表现。布朗还解释了一系列其他潜在的影响因素：天气变化、观众规模、媒体报道的强度、比赛奖金和特定比赛的受欢迎程度。她一次又一次地发现，比起其他因素，伍兹对比赛的影响是最强的。

23. 伍兹出人意料地长时间没有参加职业比赛，这让布朗有机会在伍兹没有参赛的情况下分析其他球员的得分。伍兹还做了第二次手术，这让布朗可以排除各种其他可能的因素，这些因素能够解释她利用大数据发现的超级巨星效应。在这个分析中，尽管伍兹被认为会表现得更好，但他既没有参加比赛，也没有到现场观看比赛。他突然不参赛的原因与特定比赛的难度无关，与其他运动员的能力也无关。这完全是随机的。

24. 布朗的研究让我想起了《老美生活纪事》（*This American Life*）中的一集，讲述了一名新泽西汽车经销商试图制定月销售额的故事。这个经销商拥有大量资深销售人员，其中有一位年轻人只有 4 年的团队工作经验，但他的表现却比其他同事优秀得多。许多销售人员辛苦工作一个月只能销售 5 辆车，这个年轻人有时一个月就能销售 30 多辆车。当他把工资和奖金加起来时，他的薪水几乎是其他同事的两倍。他的薪水是 6 位数，同事的薪水是 6 万美元。如果我雇了这个人，我可能会感到很骄傲。但我也不禁注意到，其他的同事看到这个员工不断上涨的工资，会出现辞职的想法。毋庸置疑，这个员工威胁到了其他员工，这很可能会降低团队的表现。如果经销商最终销售的车变少了，我不会感到惊讶。因此，如果超级巨星会威胁到我们，降低了我们的表现，为什么要在一开始就雇用他们呢？

25. 了解更多关于雇用超级巨星对同事的生产力带来的好处，可参考：Why Stars Matter," by A. Agrawal, J. McHale, and A. Oettl, published in March 2014 by the National Bureau of Economic Research。

26. 了解超级明星科学家去世后，他的合作者会发生什么变化，可参考：Pierre Azoulay, Joshua S. Graff-Zivin, and Jialan Wang, "Superstar Extinction," *Quarterly Journal of Economics* 125, no. 2 (2010)。

27. 可参考：P. Azoulay, C. Fons-Rosen, and J. S. Graff-Zivin, "Does Science Advance One Funeral at a Time?," National Bureau of Economic Research Working Paper No. 21788 (2015)。文章进一步详细解释了他最初的发现。该文章使用了"歌利亚的阴影"（Goliath's shadow）一词，本章在此处做了引用。

28. 我们如何惩罚超级巨星？了解更多细节，可参考：P. Azoulay，Alessando Bonatti and Joshua L. Krieger, "The Career Effects of Scandal: Evidence from Scientific Retractions," National Bureau of Economic Research Working Paper No. 21146 (2015)。

29. 该公开羞辱影响了伍兹的比赛和个人生活。了解这个引用的更多背景及相关信息，可参考 2015 年 2 月 13 日艾伦·西普纳克发表在《高尔夫》杂志上的文章《泰格的困境不只是比赛——性丑闻让一切付之东流》（*Tiger's*

Woes Aren't Just About His Game—Everything Goes Back to His Sex Scandal)。

06 爆炸猫和马甲

1. 了解更多关于"爆炸猫"游戏诞生的故事，亲眼见证 Kickstarter 网站众筹活动的奇特过程，可观看艾伦·李在 JoCo 游轮上的演讲。该演讲总结了众筹活动的亮点。另见杰基·比斯科夫（Jackie Bischof）于 2015 年 2 月 2 日发表在《新闻周刊》上的文章《爆炸猫纸牌游戏打破了 Kickstarter 的纪录》(*A Card Game About Exploding Kittens Broke a Kickstarter Record*)。

2. 有关 Kickstarter 如何适应更大的众筹项目的信息，可参考凯瑟琳·克利福德（Catherine Clifford）于 2016 年 1 月 18 日发表在《创业邦》的文章，《不到 1/3 的众筹项目实现了目标》(*Less Than a Third of Crowdfunding Campaigns Reach Their Goal*)。

3. 有关里特在众筹网站 Kickstarter 上的实验的更多细节，可参考："Field Experiments of Success-Breeds- Dynamics," *PNAS* 111, no. 19 (2014): 6934–39。另见 M. Restivo and A. van de Rijt, "Experimental Study of Informal Rewards in Peer Production," *PLOS ONE* 7, no. 3 (2012): e34358。

4. 更多有关马太效应以及富有者更富有现象的信息，可参考罗伯特·默顿的精彩论文《科学中的马太效应》(*The Matthew Effect in Science*)。

5. 我们分析研究了互联网。参考：R. Albert, H. Jeong, and A.-L. Barabási, "Diameter of the World Wide Web," *Nature* 401, no. 9 (1999): 130– 31。更多有关这项工作以及更广泛网络的信息，可参考《链接》。

6. 有关在童年教育中，成功如何孕育成功的更多信息，可参考凯斯·斯塔诺维奇（Keith Stanovich）的论文《阅读中的马太效应：识字习得中个体差异的后果》(*Matthew Effects in Reading: Some Consequences of Individual Differences in the Acquisition of Literacy*)。

7. 我在这里提到的维基百科网站实验，在其他地方讨论过的 Change.org 网站实验，相关信息可参考里特的论文《成功孕育成功的动力学现场试验》(*Field Experiments of Success-Breeds-Success Dynamics*)。此论文还介绍了另一个在第四代互联网平台上的试验，里特通过使用 Epinions 网站研究初始正面评级是否会带来更多的正面评级。每个月，大约有 100 万消费者访问 Epinions 网站，他们可以阅读几乎所有的评论。Epinion.com 网站会花钱雇用评论员测试这些商品的质量，比如婴儿推车、遥控车、浸入式搅拌机等，这些人写的产品评论可供消费者参考。该网站使用一个简单的系统对消费者进行调查，评估这些评论对消费者的用处。如果消费者发现某条评估产品质量的评论对他们有用，那么他们可以选择"非常有用"这个选项。一条积极评级会给评价者带来好处，因为他们会从被认为"更有帮助"的产品评价中获得更多报酬。新的评论刚一出来，里特和他的团队就会阅读这些评论，因为这些评论还未进行评级。为了弄清楚这些评论的质量，他们选择了 305 条自认为"有帮助"的评论。然后，他们将这些评级为"非常有用"的评论作为实验组，其他的评论作为对照组。同样，对照组与实验组之间的结果存在显著差异。大概是因为里特在选择评论时考虑了质量这一因素，在实验开始后的两周内，大多数评论者——77%的对照组成员，至少获得了一个"非常有帮助"的评分。但在里特介入并提供第一个正面评论的实验组，这个比例为 90%。换句话说，如果初始评论是积极的，之后 90% 的评论也是积极的。

8. 赢得伊丽莎白女王国际音乐大赛后，古典音乐家如何获益？更多信息可参考：Victor A. Ginsburgh and Jan C. van Ours, "Expert Opinion and Compensation: Evidence from a Musical Competition," *American Economic Review 93*, no. 1 (2003): 289–98。

9. 可参考埃莉森·弗勒德（Alison Flood）于 2012 年 9 月 3 日发表在《卫报》上的文章，《埃洛里的亚马逊秘密评论惹怒对手》(*R. J. Ellory's Secret Amazon Reviews Anger Rivals*)。我引用了她的正面和负面评论。 2012 年 9 月 4 日弗勒德在《卫报》上发表文章《马甲与虚假评论：公开与嘲笑》(*Sock*

Puppetry and Fake Reviews: Published and Be Damned)，这篇文章讨论了“马甲行为”的伦理和含义，并概述了这种做法如何使作者受益。2010 年 7 月 23 日，弗勒德在《卫报》发表第三篇文章《埃洛里赢得年度最佳犯罪小说奖》(*R. J. Ellory Wins Crime Novel of the Year Award*)，这篇文章提供了有关埃洛里职业生涯的详细信息，并描述了他作为犯罪小说家的成功经历。

10. 有关选票多少如何影响未来评级的更多信息，可参考：L. Muchnik, S. Aral, and S. J. Taylor, “Social Influence Bias: A Randomized Experiment,” *Science* 341, no. 6146 (2013): 647–51。

11. 随着 Kickstarter 网站的捐款进一步增多，“边际收益递减”。Epinions 网站的评级也是如此。了解更多信息，可参考上文引用的里特于 2014 年发表的论文。

12. 马修 · 因曼是一名漫画创作者，并且取得了巨大成功，更多信息可参考他在“燕麦粥”网站上发表的自己的看法。另见克里斯蒂娜 · 霍利（Krisztina Holly）于 2016 年 7 月 28 日发表在《福布斯》杂志上的文章《史上最大的 Kickstarter 运动：艾伦 · 李的秘密》(*Elan Lee's Secrets Behind the Largest Kickstarter Campaign in History*)，文章认为因曼在纸牌游戏的成功中起到了巨大作用。

07 旁观者的耳朵

1. 这里援引凯特 · 米尔斯的话，了解更多关于罗伯特 · 加尔布雷斯的故事，可参考山姆 · 马斯登（Sam Marsden）于 2013 年 7 月 14 日发表在《电讯报》上的文章，《布谷鸟的呼唤：出版商拒绝 J. K. 罗琳侦探小说的窘境》(*Cuckoo's Calling: Publishers' Embarrassment at Turning Down a J. K. Rowling Detective Novel*)。

2. 这本书最初收到了一些积极的评论，杰弗里 · 万塞尔反应热烈。了解更多信息，可参考乔 · 柯林斯（Joe Collins）于 2013 年 7 月 15 日发表在《新政治家》(*New Statesman*)杂志的文章《评论家对〈布谷鸟的呼唤〉的真正看法》(*What Did Critics Really Think of Cuckoo's Calling [Before They Knew It Was by J. K. Rowling]?*)。

3. 可参考杰克·雷森(Jake Rossen)于 2017 年 7 月 10 日发表在《心理牙线诙谐杂志》(*Mental Floss*)上的文章《出名的别名:斯蒂芬·金如何成为理查德·巴克曼》(*Known Alias: How Stephen King Was Outed as Richard Bachman*)。

4. 2008 年,罗琳在哈佛毕业典礼上发表演讲,讲述了她在撰写《哈利·波特与魔法石》时的处境。

5. 了解有关雅虎音乐实验室网站研究的更多信息,可参考:M. J. Salganik, P. Sheridan Dodds, and D. J. Watts, "Experimental Study of Inequality and Unpredictability in an Artificial Cultural Market," *Science* 311, no. 5762 (2006): 854–56。该论文的网上资料提供了实验细节及其结果。若想从外行视角理解这篇论文,可参考杰西·马克兹克(Jesse Marczyk)于 2013 年 9 月 3 日发表在《今日心理学》(*Psychology Today*)杂志上的博客文章《流行的流行程度》(*The Popularity of Popularity*)。

6. 这里讨论的集群效应导致特定歌曲的下载次数显著不均。在没有社交影响的对照组中,所有歌曲都有同样的机会被收听。参与者是否会点击一首歌收听,看自己是不是喜欢这首歌,这完全基于他自己的歌曲收听体验。一旦参与者知道他们小组歌曲的下载量,这种现象就消失了。只有大约 200 名参与者下载了被认为不太受欢迎的歌曲,而那些被认为优秀的歌曲被 3000 多名听众下载,占每组参与者的一半。这意味着,一旦社会影响介入,就会出现一种"赢家通吃"的现象,这是优先连接造成的结果。

7. 了解更多"自我应验预言"概念的信息,可参考罗伯特·默顿的开创性论文《自我应验预言》(*The Self-Fulfilling Prophecy*)。

8. 罗伯特·默顿意识到"自我应验预言"还有很多其他方面的应用。另一个例子是金融恐慌:当我们被告知市场要下跌时,我们会卖出股票,结果市场真下跌了。安慰剂效应：我们认为某些东西对我们有好处，那么它确实是有好处。需要指出的是，安慰剂效应是非常重要的。它实际上已经融入我们的基因，进入了感知神经的处理过程。安慰剂效应非常强大，尽管医生在努力研究生物效应，但他们通常无法区分安慰剂效应和生物效应。可参考 K. T. Hall, J. Loscalzo, and T. J. Kaptchuk, “Genetics and the Placebo affect: The Placebome,” *Trends in Molecular Medicine* 21, no. 5 (2015): 285–94。

9. 了解更多有关奥克学校研究的信息，可参考罗伯特·罗森塔尔（Robert Rosenthal）和勒诺·雅各布森（Lenore Jacobson）的文章《课堂上的皮格马利翁效应：教师的期望和学生的智力发展》（*Pygmalion in the Classroom: Teacher Expectation and Pupils' Intellectual Development*）。

10. 了解更多有关第二次音乐实验室研究的信息，可参考萨尔加尼克和瓦茨的论文：“Leading the Herd Astray: An Experimental Study of Self-Fulfilling Prophecies in an Artificial Cultural Marketplace,” *Social Psychology Quarterly* 71, no. 4 (2008): 338–55。

11. 声誉信号如何影响著名科学家的合著者？了解更多信息，可参考：T. S. Simcoe and D. M. Waguespack, “Status, Quality, and Attention: What's in a (Missing) Name?,” *Management Science* 57, no. 2 (2011): 274–90。

12. 关于社会适应度在竞争中取得成功的作用，可参考：A.-L. Barabási R. Albert, H. Jeong, and G. Bianconi, “Power Law Distribution of the World Wide Web,” *Science* 287, no. 5461 (2000): 2115; and G. Bianconi and A.-L. Barabási, “Competition and Multiscaling in Evolving Networks,” *Europhysics Letters* 54, no. 4 (2001): 436–42。

13. 可参考：A. Abeliuk et al., “The Benefits of Social Influence in Optimized Cultural Markets,” *PLOS ONE* 10, no. 4 (2015): 1–20。这篇和曼纽尔·塞布里安合著的精彩论文，探讨了这个澳大利亚团队如何开发和研究算法以检测歌曲的社会适应度。

14. 了解更多关于排名算法的信息，可参阅王廷和王大顺的论文《为什么亚马逊的评论可能误导你：羊群效应的故事》（*Why Amazon's Rankings Might Mislead You: The Story of Herding Effects*）。

15. 了解 J. K. 罗琳的成功故事，可参考瓦茨的论文《J. K. 罗琳和文学名人堂》（*J. K. Rowling and the Chamber of Literary Fame*）。

16. 可参考 Fast Company 于 2014 年的短片《和平、爱情和品牌》（*Peace, Love, and Branding*），短片介绍了公司的起源和营销策略。

08 有点传统，有点创新，有点蓝调

1. 了解更多《泛蓝调调》录音期间的故事和其巨大的成功，可参见《录音间隙》（*Between Takes: The Kind of Blue Sessions*）。2009 年 1 月 29 日，为庆祝这张专辑重新发行 50 周年，阿什莉・卡恩（Ashley Kahn）在美国国家公共电台（NPR）的早间节目中做了专辑说明，书中文字就节选自这个说明，为了解专辑录制提供了详细的背景信息。

2. 进一步了解《泛蓝调调》的录制情况，可参考比尔・伊万斯（Bill Evans）专辑说明《即兴爵士乐》（*Improvisation in Jazz*）。

3. 了解更多关于布赖恩・乌兹对百老汇音乐剧成功的精彩研究，可参考：B. Uzzi and J. Spiro, "Collaboration and Creativity: The Small World Problem," *American Journal of Sociology* 111, no. 2 (2005): 447– 504。作者还论述了我在这里讨论的百老汇音乐剧《歌舞线上》《金牌制作人》《天上人间》，并探讨了罗杰斯和汉默斯坦（Hammerstein）之间的重要关系。

4. 在这里和本章结尾，我探讨了爵士乐的成功，更多相关精彩而全面的研究，可参考巴拉兹・韦德里斯（Balázs Vedres）的作品，特别是他的文章《禁三元组与爵士乐的创造性成功：米尔斯・戴维斯因素》（*Forbidden Triads and Creative Success in Jazz: The Miles Davis Factor*）。万德勒斯是我在布达佩斯的同事。

5. 了解更多有关视频游戏开发团队研究的信息，可参考：Mathijs de Vaan, David Stark, and Balázs Vedres, "Game Changer: Structural Folds with Cognitive Distance in Video Game Development," *American Journal of Sociology* 120, no. 4 (2015): 1144–94。

6. 关于单打独斗与团队合作的研究由我的前博士后斯蒂芬·伍克蒂（Stefan Wuchty）完成，他在布赖恩·乌兹的实验室工作。

7. 了解更多有关詹姆斯·巴格罗在 GitHub 领导工作的信息，可参考：Michael Klug and James P. Bagrow, "Understanding the Group Dynamics and Success of Teams," *Royal Society Open Science* 3, no. 160007 (2016)。

8. 了解更多有关作品如何在维基百科编辑团队中分发的信息，可参考埃尼克特·凯特（Anniket Kittur）和罗伯特·克朗特（Robert E. Kraut）的作品《维基百科之外：在线制作组的合作和冲突》（*Beyond Wikipedia: Coordination and Conflict in Online Production Groups*）。

9. 以国际基因工程机器竞赛（iGEM）为例研究了高中合成生物学团队的合作模式，探讨了团队动力学，成果来自我实验室的马克·山托里尼（Marc Santolini）带队的研究。

10. 斯科特·菲茨杰拉德的原文是："会议从来不会产生任何伟大的思想，倒有很多愚蠢的主意葬身其中。"原句出自散文集《崩溃》（*The Crack-Up*）（1945），该书由菲茨杰拉德的一系列信件、散文和笔记集结成册。菲茨杰拉德去世后，该书由爱德蒙·威尔逊（Edmund Wilson）整理出版。

11. 了解更多有关威廉·缪尔研究的信息，请参考 W. M. Muir, "Group Selection for Adaptation to Multiple-Hen Cages: Selection Program and Direct Responses," *Poultry Science* 75, no. 4 (1996): 447–58。也可参考《当强者超过弱者》（*When the Strong Outbreed the Weak*），2016 年 7 月 11 日戴维·斯隆·威尔逊（David Sloan Wilson）就进化研究主题深入采访了缪尔。

12. 了解"能人太多效应"对杜克大学英语系的影响，可参考 1998 年 11 月 21 日珍妮·斯科特（Janny Scott）在《纽约时报》发表的文章《"不和谐"使学院的热门团队受欢迎程度骤减》（*Discord Turns Academe's Hot Team Cold*）。

13. 了解更多有关超级巨星队伍的信息，可参考：Roderick I. Swaab et al., "The Too-Much-Talent Effect: Team Interdependence Determines When More Talent Is Too Much or Not Enough," *Psychological Science* 25, no. 1581(2014)。

14. 了解更多有关集体智慧的信息，可参考：Anita Williams Woolley et al., "Evidence for a Collective Intelligence Factor in the Performance of Human Groups," *Science* 330, no. 6004 (2010): 686–88。

15. 了解更多关于群体思维及其后果，以及肯尼迪政府在古巴猪湾的惨败信息，可参考：J. Richard Hackman and Nancy Katz's "Group Behavior and Performance," in S. T. Fiske, D. T. Gilbert, and G. Lindzey, eds., *Handbook of Social Psychology*, 5th ed. (New York: Wiley, 2010)。

16. 了解更多有关阿莱克斯·彭特兰的徽章数据研究的信息，可参考 2012 年 4 月《哈佛商业评论》中的两篇优秀文章：《建立优秀团队的新科学：对成功的分析》（*The New Science of Building Great Teams: Analytics for Success*），彭特兰设计，安洁莉亚·赫林（Angelia Herrin）主持；彭特兰撰写的《建立优秀团队的新科学：高绩效团体的秘诀不再是一个谜》（*The New Science of Building Great Teams: The Chemistry of High-Performing Groups Is No Longer a Mystery*）。

17. 了解团队活力对专辑《泛蓝调调》带来的影响，可参考：John Szwed, So What: The Life of Miles Davis (New York: Simon & Schuster, 2002)，尤其是第 174 ～ 177 页，展现了戴维斯对这张开创性专辑的所做的准备和使用的方法。这里也讨论了温顿·凯里（Wynton Kelly）。

18. 巴拉兹·韦德里斯的主要发现是，凯里提出的关系对于爵士乐的成功至关重要。事实上，在所有爵士专辑中，这些禁三元组的密度与成功有着倒 U 形关系，这表明使用任何一种三元组过多和过少都不利于成功。如果将两个合作者数量相同的爵士乐唱片进行比较，比起具有开放和封闭三元组的唱片，具有更多禁三元组的唱片的成功更长远。这种领导方法可以说是戴维斯成功的最重要因素。虽然他是一位有天赋的小号手，但他的音乐天赋至少部分取决于他对演职人员的选择上。事实上，韦德里斯发现，即使与戴维斯的许多其他唱片相比，《泛蓝调调》取得了巨大的成功，原因是使用了很多禁三元组。在每次的演绎中，戴维斯使用的禁三元组越多，表演就会越成功。

09　用算法找到被忽略的科学家

1. 了解更多关于普拉舍的信息，可参考于德吉特·巴塔查尔吉（Yudhijit Bhattacharjee）于 2011 年 7 月 18 日发表在《发现》（*Discover*）杂志上的优秀文章《糟糕的运气和社会网络让道格拉斯·普拉舍痛失诺贝尔奖》（*How Bad Luck and Bad Networking Cost Douglas Prasher a Nobel Prize*）。另见 2013 年 2 月 26 日鲍勃·格兰特（Bob Grant）发表在《科学家》（*The Scientist*）杂志上的文章《道格拉斯·普拉舍经历了什么？》（*What Ever Happened to Douglas Prasher?*）。

2. 了解更多关于团队在科学中日益占据主导地位的信息，可参考布赖恩·乌兹的文章《团队在知识生产中日益占据主导地位》，第 4 章讨论过这篇文章，这里又再次做了引用。

3. 沈华伟在访问我的实验室时的时候，开发了荣誉分配算法，了解更多信息，可参考我和沈华伟和巴拉巴西的论文《科学中的集体荣誉分配》（*Collective Credit Allocation in Science*）。

4. 荣誉分配不均基本上载入了科学史。尽管团队有重大发现或深刻见解，但贵族白人以及监督下属和助手的业余爱好科学家却攫取了部分荣誉，甚至所有由此产生的荣誉，这是时代的倒退。例如，S. 夏平（S. Shapin）认为，罗伯特·玻意耳（Robert Boyle）是 17 世纪著名的化学家，无名的技术人员为波意耳提供了帮助，可参见："The Invisible Technician," *American Scientist* 77, no. 6 [1989]: 554–63。实际上，波意耳的实验都是这些技术人员完成的，他们在实验室笔记本中记录了观察的结果，但是他们在历史上没有留下任何痕迹。17 世纪，伦敦的蚀刻描绘了这样一个场景，戴着精致羽毛帽的科学家像英雄一样站在实验室的最前面，围绕在他们周围的不是合作者，而是无名的丘比特。人们认为这些天使只出现在物理想象中，但实际上他们是实验室操作科学仪器的助理的化身。这些技术人员甚至在自己所处的那个时代都是无名的"枪手作者"。但是，显而易见的是，这些蚀刻让他们完全不可见，进一步成了无名之辈。所以说，我们倾向于关注个人成就而不是团队成就，这个观念已深深植根于科学领域中。我们通常认为一些重大的发现属于某一个思想家：欧几里德的几何、孟德尔的遗传学、牛顿的运动定律、爱因斯坦的相对论。尽管这个时代独立作者是如此稀有，但我们还是根据个人的工作来决定是否聘用该员工，是否升职，以及他的任期长短等。

5. 了解更多巴蒂尔的故事和战术细节，可参考 2009 年 2 月 13 日，迈克尔·刘易斯在《纽约时报》上的文章《无与伦比的全明星》（*The No-Stats All-Star*）。科比·布莱恩特的引言也来自这篇文章。

6. 哈里·杜鲁门的引用来自一篇社论，见 *Nature* 535, no. 7612 (2016): 323。这里讨论了它对约翰·伍登和英国小说家查尔斯·爱德华·蒙太古的影响。

7. 这张照片提高人们对难民事业的捐助，了解更多信息，可参考 2017 年 7 月 12 日卢克·明茨（Luke Mintz）撰写的文章《叙利亚幼儿照片促使灾民筹款增加了 100 倍》（*Photo of Syrian Toddler Boosted Fundraising for Refugees 100-Fold*）。

8. 有关 1997 年诺贝尔物理学奖的名誉分配变化可参考我和沈华伟在《美国科学学院院刊》上发表的一篇论文，在上文也有引用。

9. 2013 年，摩根·内维尔（Morgan Neville）执导的《离巨星 20 英尺》（*Twenty Feet from Stardom*）讲述了达琳·洛夫的唯美故事（许多其他非洲裔美国女性伴唱歌手的故事，同样引人注目）。可参考贝特·米德勒有关洛夫《摇滚名人堂》的演讲。

10. 人们普遍承认学术界的性别薪酬差距和任期差距，并就此话题撰写了大量文章。我们与黄俊铭（Junming Huang）、罗伯塔·西纳特拉（Roberta Sinatra）和亚历山大·盖茨（Alexander Gates）在实验室中合作开展了一个相关研究项目。

11. 了解更多关于男性和女性经济学家巨大的任期差异的信息，可参考希瑟·萨尔森（Heather Sarsons）的精彩论文《对集体工作的认可：学术界的性别差异》（*Recognition for Group Work: Gender Differences in Academia*）。

12. 马丁·查尔菲和钱永健在发表第一篇关于绿色荧光蛋白的文章时，将普拉舍视为共同作者，他为两位诺贝尔奖获得者的发现做出了贡献。他在辞职前写了一篇独创文章，文章认为可以克隆 GFP。这就是我们的算法认为他应该获得诺贝尔奖的原因。他所做的工作与发光分子的成功息息相关。查尔菲并不羞于承认这一点："他们完全可以不选择我，把诺贝尔奖颁给普拉舍或者其他两位科学家（下村修和钱永健）。"

13. 将来有一天，成功学可能有助于纠正一些令人震惊的荣誉错误分配。毕竟，我从预测算法中了解了普拉舍，算法快速地放大了他对 GFP 做出的巨大贡献。算法比诺贝尔委员会做得更好，主要是因为普拉舍发挥的关键作用在任何一篇论文中都不明显。普拉舍的成果分布在成千上万其他科学家撰写的论文中，这些科学家引用了普拉舍的开创性工作。他们依靠这些研究，最终获得了诺贝尔奖。由于诺贝尔奖委员会没有能够揭示真实荣誉份额的算法，因此根据收到的建议做出决定。这些人从未见过普拉舍，而且他已经有 15 年没有写过论文，没有参加过会议了。所以，为什么要推荐他竞争诺贝尔奖呢？对于那些匿名推荐人和委员会成员来说，普拉舍只是几十篇获奖论文中的一个名字而已。总而言之，他几乎是不存在。

10　爱因斯坦的错误

1. 了解爱因斯坦的引用和狄拉克的诗，参考西蒙顿的《丰功佳绩：谁创造了历史，为什么》（*Greatness: Who Makes History and Why*）第 186 页，此书于 1994 年由吉尔福德出版社（Guilford Press）出版。

2. 了解西蒙顿的研究，可参考：Dean Keith Simonton, “Creative Productivity: A Predictive and Explanatory Model of Career Trajectories and Landmarks,” *Psychological Review* 104 (1997): 66–89；Dean Keith Simonton, “Age and Outstanding Achievement: What Do We Know After a Century of Research?,” *Psychological Bulletin* 104, no. 2 (1988): 251–67。

3. 本杰明・琼斯是一位经济学家，他的兴趣与西蒙顿相似。琼斯对 1900—2008 年期间的诺贝尔奖获得者进行了调查，得出了类似的结论。可参考他的论文：“Age and Great Invention,” National Bureau of Economic Research Working Paper No. 11359 (2005)。Benjamin F. Jones and Bruce A. Weinberg, Age Dynamics in Scientific Creativity,” *PNAS* 108, no. 47(2011): 18910–14。然而，他看到了过去几十年发生的系统性变化。1920 年，物理学家和医学家在 30 岁之前因完成的工作而获得诺贝尔奖的可能性最高，之后可能性不断降低。换句话说，科学家取得突破的年龄变大了一些。总的来说，20 世纪主要创新者年龄平均增长了 6 岁，他认为导致这一变化的原因是现代社会获得高等学位所需的时间变长了。但即使将这个因素考虑在内，获胜者的巅峰之作通常出现在 30 多岁或 40 多岁，一般是在完成训练后不久，或者他们花了几年的时间在科学领域已经游刃有余了。因为里程碑的作品出来的时间和获奖者的年龄之间存在非常明显的关系，所以琼斯可以制定一个预测公式，准确预测研究者取得突破的时间。当手头有这么一个预测公式，即便它与我的命运关系不大，我也必须试一下。由于琼斯的公式预测的并非真正的诺贝尔奖获得者，而是关于他们的巅峰创造力出现的具体时间，所以公式对我也适用。根据琼斯公式的计算，我最具影响力的作品应该出现在 36 岁，结果非常接近：当我完成社会网络的优先连接相关工作时，我 31 岁，这是我迄今为止被引用最多的论文。

4. 第五定律和 Q 因子的发现可参考：Roberta Sinatra, Dashun Wang, Pierre Deville, Chaoming Song, and Albert-László Barabási, “Quantifying the Evolution of Individual Scientific Impact,” *Science* 354, no. 6312 (2016): 5239。需要注意的是，在某些领域，创造力确实有一个年龄限制。20 世纪 90 年代，芝加哥大学经济学家戴维·加伦森（David Galenson）研究了艺术家创作出最畅销作品时的年龄。他观察到美国两种画家学派取得主要成就时的年龄差别很大。有些人，如安迪·沃霍尔、弗兰克·斯特拉（Frank Stella）和贾斯珀·约翰斯（Jasper Johns），在艺术生涯早期就生创造出了高价值的作品。有些人，如威廉·德·库宁（Willem de Kooning）、杰克逊·波洛克（Jackson Pollock）和马克·罗斯科（Mark Rothko），在他们的职业生涯后期创造出了最畅销的作品。加伦森发现了成功第五定律之外的一种模式。这些大器晚成的人有一些共同之处：他们通过反复试验在画布上作画，反复琢磨同一绘画主题，顽强地磨练他们的绘画技术。加伦森称这些人为“实验派艺术家”。另一方面，沃霍尔、约翰斯、毕加索和文森特·凡·高这样的新秀，被称为是“概念派艺术家”，他们表达革命性的想法，而不是绘画技巧。通过将每位艺术家归类为概念派或实验派，加伦森可以合理地猜测拍卖作品的价值。例如，沃霍尔职业生涯早期的作品的价值比晚期作品高出数百万美元。波洛克的作品恰恰相反。了解有关加伦森作品的更多信息，可参考《高龄大师和年轻天才：艺术创造的两个生命周期》（*Old Masters and Young Geniuses: The Two Life Cycles of Artistic Creativity*）。加伦森的发现与西蒙顿类似，西蒙顿研究的是著名作家，发现了普遍的学科本位的趋势。在诗歌领域，西蒙顿发现创造性的作品一般都是作家早期创造出来的。有趣的是，小说家通常需要更长的时间才能完成里程碑式的作品，往往是到 40 多岁或者 50 多岁。纵观整个历史和所有文化，成功的诗人和散文作家之间年龄差异随处可见，这是一种始终如一的趋势。

5. 了解更多约翰·芬恩的生平，可参考卡罗尔·罗宾逊发表的悼词，见 *Nature* 469, no. 300 (2011)。尽管我在这里描述了一个美好的结局，但值得一提的是，大器晚成的芬恩的故事是以悲剧收场的。虽然耶鲁大学并不承认这位老年科学家是他们的老师，但耶鲁大学却渴望公布他职业生涯后期的发现。1993 年，耶鲁大学控告芬恩，要求他赔偿大约 100 万美元，他们认为芬恩的专利侵犯了他们的知识产权，因为这个想法是在耶鲁大学诞生的。不过没关系，正是耶鲁大学的强制性退休政策迫使他走出实验室，他离开的时候手里拿着帽子。耶鲁大学胜诉了，他们支付了 50 万美元的律师费，获得了 54.5 万美元的赔偿金。了解更多详细信息，可参考凯特·莫兰（Kate Moran）的文章《诺贝尔奖获得者在与耶鲁大学的官司中败诉》(*Nobelist Loses to Yale in Lawsuit*)。这篇文章于 2005 年 5 月发表在《耶鲁大学校友》(*Yale Alcemni Magazine*）杂志上。

6. 可参考钱德拉·斯蒂尔（Chandra Steele）的文章《史蒂夫·乔布斯的 7 大失败产品》(*Seven Steve Jobs Products That Failed*)，文章于 2011 年 8 月 26 日发表在《计算机杂志》(*PC Magazine*）上，文章罗列了乔布斯取得巨大成功的职业生涯中众多失败的故事。

7. 我确信我们会越来越擅于探索新的想法，随着时间的推移，不断磨炼探索的第六感。我当然相信与其他人相比，我们中的一些人更善于产生开创性想法，好像我们是从不同的分布中提取我们的想法。我们的发现再一次表明，事实并非如此。每个人随机选择数字的范围都是相同的，而且这个范围不随时间变化。我们从同一个分布中抓取我们的想法，这意味着在系统性地寻找更高的 r 值时，大家机会均等。所以，能最准确地描述创新的模型看起来非常简单明了：我们只是随机选择想法，然后 Q 因子会不断增强它们。Q 因子在我们的职业生涯中不会发生变化。这意味着我们尝试得越多，就越有可能碰上这个神奇的高 r 值的想法。丰富的探究精神将与我们固有的 Q 因子一起发挥作用，从而放大我们的成功。

8. 这里提到的 Twitter 研究是我的实验室正在进行的项目，由奥努尔·瓦罗尔和亚历山大·盖茨合作完成。

结 语

1. 爱因斯坦到访美国，迎接他的人群熙熙攘攘。自那以后，他获得了持久的名声。了解更多信息，可参考马歇尔·米斯纳（Marshall Missner）对这个话题精彩、全面的讨论文章《为什么爱因斯坦在美国成名》（*Why Einstein Became Famous in America*），见，*Social Studies of Science* 15, no. 2 (1985): 267–91。还可以通过阅读以下媒体报道，了解这个故事的详细信息，结语中引用了其中一些文章：《爱因斯坦的发现：物理学而非哲学的革命》（*Einstein's Discoveries: A Revolution in Physics, but Not PhiLosophy*），作者是尤金·费斯克（Eugene L. Fisk），《纽约时报》，1919 年 1 月 5 日；《日月食表明重力变化》（*Eclipse Showed Gravity Variation*），《纽约时报》，1919 年 11 月 9 日；《天空中的光全是扭曲的：科学家或多或少对日月食表现出兴趣》（*Lights All Askew in the Heavens: Men of Science More or* Less Agog over Eclipse Observations），《纽约时报》，1991 年 11 月 10 日；《不用为新的光线理论担心：物理学家认为实际应用不会受影响》（*Don't Worry About New Light Theory: Physicists Agree It* Can Be Disregarded for All Practical Purposes），《纽约时报》，1919 年 11 月 16 日；《爱因斯坦详述了他的新理论》（*Einstein Expounds His New Theory*），《纽约时报》，1919 年 12 月 3 日；《爱因斯坦的方法测量你有多高？》（*How Tall Are You, Einstein Measure?*），《纽约时报》，1919 年 12 月 4 日；《反抗绝对者》（*Assaulting the Absolute*），《纽约时报》，1919 年 12 月 7 日；《理解爱因斯坦的第 13 个人》，作者是特福特（O. W. Tefft），《纽约时报》，1919 年 12 月 10 日；《爱因斯坦带来的新物理学：奥立弗·洛奇认为它会盛行，数学家将迎来糟糕时刻》（*A New Physics Based on Einstein: Sir Oliver Lodge Says It Will Prevail, and Mathematicians Will Have a Terrible Time*），《纽约时报》，1920 年 9 月 6 日；《不受欢迎的天才的阻碍》（*Disturber of Minds Unpopular*），《纽约时报》，1920 年 9 月 6 日；《宇宙测量器》（*Measurer of the Universe*），《纽约时报》，1921 年 1 月 3 日；《遗憾地说爱因斯坦确实失败了》（*Poor Says Einstein Fails in Evidence*），

《纽约时报》, 1921 年 2 月 8 日;《爱因斯坦教授在这里解释了相对论》(*Professor Einstein Here, Explains Relativity*),《纽约时报》, 1921 年 4 月 3 日;《成千上万的人在码头迎接爱因斯坦：市长委员会举行仪式迎接科学家》(*Thousands Greet Einstein at Pier: Mayor Hylan's Committ*ee Welcomes Scientist and Party Down Bay),《华盛顿邮报》, 1921 年 4 月 3 日;《爱因斯坦看到了时间和空间的尽头》(*Einstein Sees End of Space and Time*),《纽约时报》, 1921 年 4 月 4 日;《精神相对论》(*Psychopathic Relativity*),《纽约时报》1921 年 4 月 5 日;《自由之城欢迎爱因斯坦》(*Holds Up Freedom of City to Einstein*),《纽约时报》, 1921 年 4 月 6 日;《市政大厅里的相对论》(*Relativity at the City Hall*),《纽约时报》, 1921 年 4 月 7 号;《爱因斯坦在美国的自由》(*Einstein to Have Freedom of the State*),《纽约时报》, 1921 年 4 月 7 日;《福尔克纳受到抨击》(*Falconer Is Denounced*),《纽约时报》, 1921 年 4 月 7 日;《给予爱因斯坦城市自由》(*Freedom of City Given to Einstein*),《纽约时报》, 1921 年 4 月 9 日;《爱因斯坦建造的摩天楼》(*The Skyscraper Built by Einstein*), 作者是本杰明·哈罗(Benjamin Harrow),《纽约时报》, 1921 年 4 月 17 日;《果壳里的宇宙》(*The Universe in a Nutshel*), 作者是利奥·吉尔伯特(Leo Gilbert),《纽约时报》, 1921 年 4 月 17 日;《爱因斯坦理论的相似研究：告诉众议员这可能加速宇宙立法》(*Kindred Studies Up on Einstein Theory: Tells House It May* Bear on Legislation as to Relations with the Cosmos),《纽约时报》, 1921 年 5 月 17 日;《爱因斯坦在波士顿大受尊重》(*Einstein Honored at Boston*),《纽约时报》, 1921 年 5 月 19 日;《人群疯狂迎接爱因斯坦：退伍军人维持克利夫兰秩序》(*Rush to Greet Einstein: War Veterans Fight Off Great Crowd of Welcomers in Cleveland*),《纽约时报》, 1921 年 5 月 26 日。

未来，属于终身学习者

我这辈子遇到的聪明人（来自各行各业的聪明人）没有不每天阅读的——没有，一个都没有。巴菲特读书之多，我读书之多，可能会让你感到吃惊。孩子们都笑话我。他们觉得我是一本长了两条腿的书。

——查理·芒格

互联网改变了信息连接的方式；指数型技术在迅速颠覆着现有的商业世界；人工智能已经开始抢占人类的工作岗位……

未来，到底需要什么样的人才？

改变命运唯一的策略是你要变成终身学习者。未来世界将不再需要单一的技能型人才，而是需要具备完善的知识结构、极强逻辑思考力和高感知力的复合型人才。优秀的人往往通过阅读建立足够强大的抽象思维能力，获得异于众人的思考和整合能力。未来，将属于终身学习者！而阅读必定和终身学习形影不离。

很多人读书，追求的是干货，寻求的是立刻行之有效的解决方案。其实这是一种留在舒适区的阅读方法。在这个充满不确定性的年代，答案不会简单地出现在书里，因为生活根本就没有标准确切的答案，你也不能期望过去的经验能解决未来的问题。

湛庐阅读App：与最聪明的人共同进化

有人常常把成本支出的焦点放在书价上，把读完一本书当作阅读的终结。其实不然。

时间是读者付出的最大阅读成本

怎么读是读者面临的最大阅读障碍

“读书破万卷”不仅仅在“万”，更重要的是在“破”！

现在，我们构建了全新的“湛庐阅读”App。它将成为你“破万卷”的新居所。在这里：

- 不用考虑读什么，你可以便捷找到纸书、有声书和各种声音产品；
- 你可以学会怎么读，你将发现集泛读、通读、精读于一体的阅读解决方案；
- 你会与作者、译者、专家、推荐人和阅读教练相遇，他们是优质思想的发源地；
- 你会与优秀的读者和终身学习者为伍，他们对阅读和学习有着持久的热情和源源不绝的内驱力。

从单一到复合，从知道到精通，从理解到创造，湛庐希望建立一个“与最聪明的人共同进化”的社区，成为人类先进思想交汇的聚集地，与你共同迎接未来。

与此同时，我们希望能够重新定义你的学习场景，让你随时随地收获有内容、有价值的思想，通过阅读实现终身学习。这是我们的使命和价值。

湛庐阅读App玩转指南

湛庐阅读App结构图：

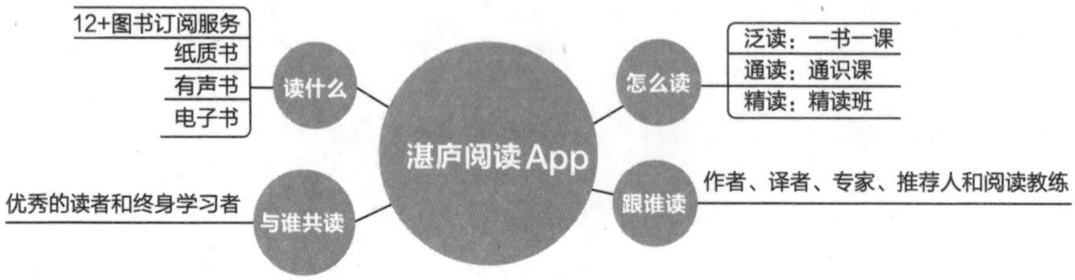

三步玩转湛庐阅读App：

读一读

湛庐纸书一站买，
全年好书打包订

听一听

泛读、通读、精读，
选取适合你的阅读方式

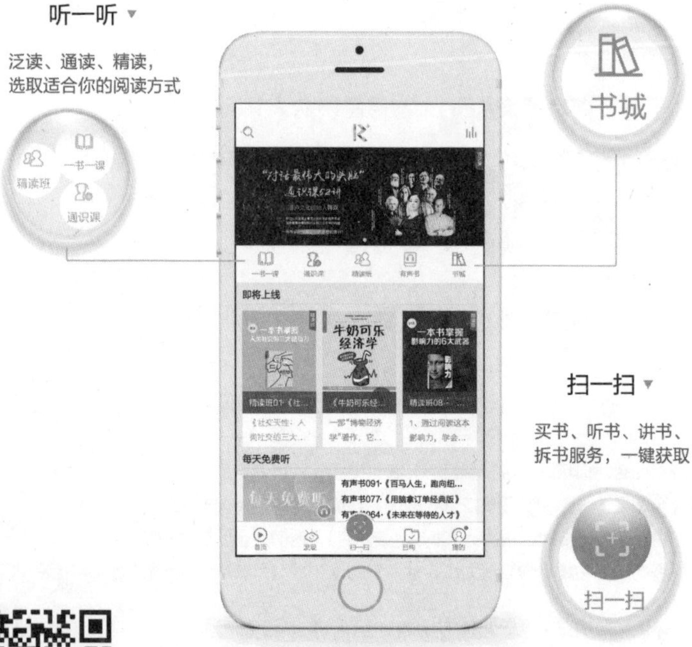

扫一扫

买书、听书、讲书、
拆书服务，一键获取

使用App扫一扫功能，
遇见书里书外更大的世界！

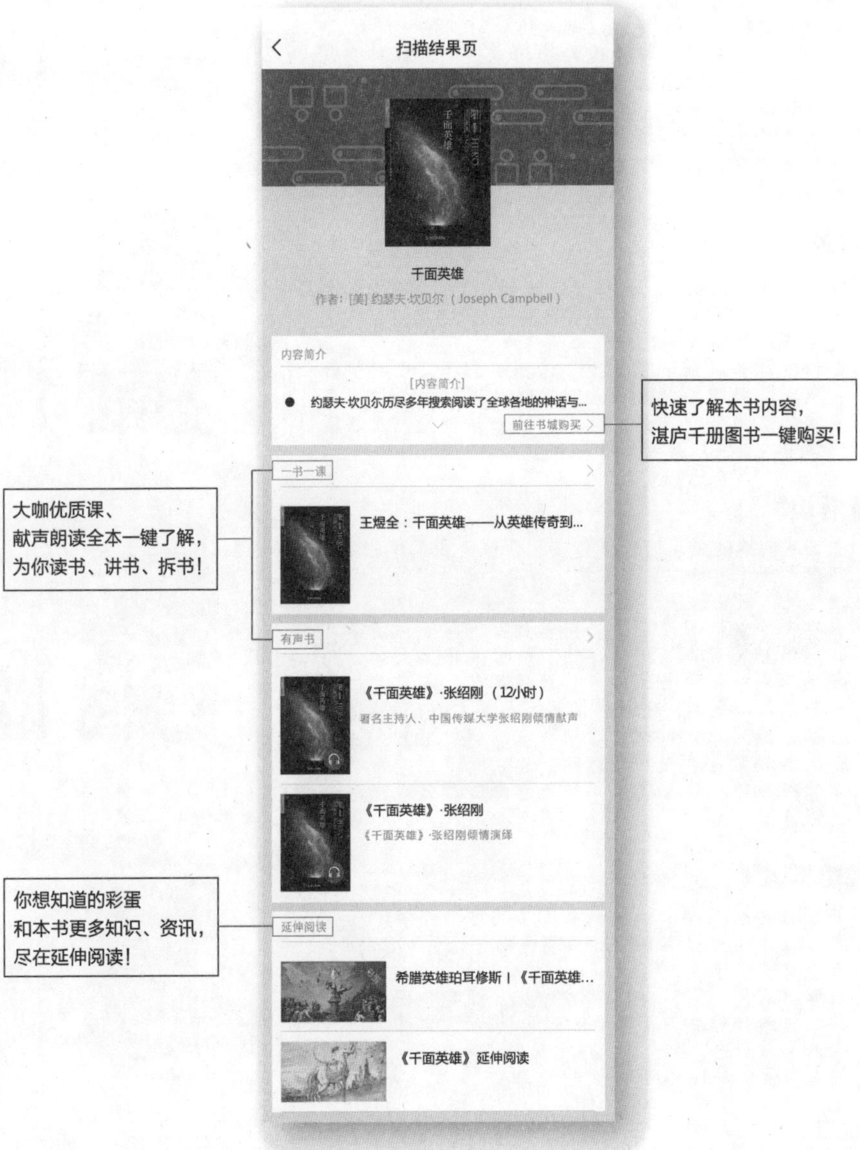

湛庐CHEERS

延伸阅读

《爆发》

◎ 复杂网络研究权威，无标度网络创立者艾伯特－拉斯洛·巴拉巴西经典力作，他通过这本书向大家传递了一整套理解人类行为时空模式的观念和理论，提出人类行为93%是可以预测的。

◎ 北京大学新闻与传播学院教授胡泳，中国社科院信息化研究中心秘书长、《互联网周刊》主编姜奇平，电子科技大学教授、互联网科学中心主任周涛作序，得到APP创始人罗振宇，海银资本合伙人、互联网研究者王煜全，物理学家、中山大学教授李淼联袂推荐。

使用“湛庐阅读”App，“扫一扫”获取本书更多精彩内容。

ISBN 978-7-5596-0346-3

《链接》

◎ 复杂网络研究权威，无标度网络创立者，H－指数高达96的论文狂人，诺贝尔奖大热人选，《爆发》作者艾伯特－拉斯洛·巴拉巴西经典力作。

◎ 中科院计算所副研究员沈华伟担纲翻译，中科院计算所所长助理、中国科学院网络数据科学与技术重点实验室主任程学旗，电子科技大学教授、互联网科学中心主任周涛专文推荐。

使用“湛庐阅读”App，“扫一扫”获取本书更多精彩内容。

ISBN 978-7-213-05655-0

《反常识》

◎ 小世界网络之父、微软研究院首席科学家邓肯·瓦茨颠覆式新作！畅销书《重塑》作者、电子科技大学教授吕琳媛倾情翻译，全景式还原原著。

◎ 上海大学副校长汪小帆、科学作家万维钢、场景实验室创始人吴声专文作序推荐！香港城市大学讲座教授、北京大学长江讲座教授陈关荣，苇草智库创始合伙人段永朝，猎豹移动董事长兼CEO傅盛，微软加速器（北京）前首席执行官、MA Club企业创新生态联盟首席生态官檀林，北京师范大学系统科学学院教授、集智俱乐部和集智学园创始人张江一致强荐！

使用“湛庐阅读”App，“扫一扫”获取本书更多精彩内容。

ISBN 978-7-5364-9541-8

《成功与运气》

◎ 著名行为经济学家、畅销书《牛奶可乐经济学》作者、《纽约时报》经济评论专栏特约评论员罗伯特·弗兰克重磅新作！

◎ 科学作家、“得到”APP《万维钢·精英日课》专栏作家万维钢作序推荐！哈佛大学教授、《助推》作者卡斯·桑斯坦、小世界网络之父邓肯·瓦茨、有书创始人雷文涛等联袂推荐！

使用“湛庐阅读”App，“扫一扫”获取本书更多精彩内容。

ISBN 978-7-5596-0757-7